INHALTSVERZEICHNIS

HEINZ STEINER

DAS CO2 IST NICHT UNSER FEIND

HEINZ STEINER

Vorwort

Klimawandel – ein Wort, welches Dank der ständigen medialen Präsenz mittlerweile sogar zu einem psychologischen Problem führte, das einen eigenen Namen bekam: Klimaangst. Mit den andauernden Meldungen, wonach uns bereits in wenigen Jahrzehnten eine Klimaapokalypse bevorstehe, werden Ängste geschürt und die Menschen zu irrationalen Entscheidungen gedrängt. Dabei gehört der Klimawandel zu den natürlichsten Gegebenheiten auf unserem Planeten.

Die Erde hat in ihren mehreren Milliarden Jahren ihrer bisherigen Existenz unzählige verschiedene klimatische Perioden durchlebt. Seit Beginn des Lebens auf unserem Planeten gab es nachweislich immer wieder höchst unterschiedliche klimatische Bedingungen, welche dadurch aber auch die Evolution der verschiedenen Lebensformen begünstigte. Denken Sie an die Zeit der Dinosaurier. Damals war es allgemein viel wärmer auf unserem Planeten mit einer ebenso deutlich höheren CO2-Konzentration in der Atmosphäre, welche das Pflanzenwachstum so weit begünstigte, dass selbst die riesigen pflanzenfressenden Dinosaurier ihre Mägen ausreichend füllen konnten. Dann gab es auch Kalt- und Eiszeiten, welche unter anderem die Ausbreitung der Säugetiere begünstigten, da sie als Warmblüter – im Gegensatz zu vielen Reptilien – nicht auf hohe Temperaturen angewiesen waren. Wir haben also davon profitiert, dass es kälter wurde.

Und auch heute noch findet ein langsamer aber stetiger Wandel unseres Klimas statt. Der Großteil dieser Veränderungen hat natürliche Ursachen, wie ich Ihnen im Laufe der folgenden Kapitel auch anhand von verschiedenen Studienergebnissen belegen werde. Zwar haben wir Menschen mit unserem Handeln natürlich auch einen gewissen Einfluss, auf die Entwicklungen – doch schlussendlich beeinflussen wir vielmehr die mikroklimatischen Bedingungen direkt und damit dann indirekt das globale Klima. Auch das werde ich Ihnen in den folgenden Kapiteln anhand von Zahlen, Daten und Fakten belegen. Und mehr noch werden Sie feststellen, dass die ganzen Klimafanatiker mit ihrer allgemeinen Panikmache vor allem von der Ideologie getrieben sind und sich viele Prognosen durch mangelhafte Daten mehr oder weniger ihrer Doktrin zurechtbiegen.

Schlimmer jedoch ist, dass Kritiker dieser Klimaapokalypse-Theorien immer wieder als „Klimaleugner" diffamiert und desavouiert werden. Wer den Dogmen der neuen Klimareligion (an dieser Stelle möchte ich Ihnen das Buch „Greta und die Klimareligion: So werden wir manipuliert und betrogen"[1] meines Kollegen Marco Maier empfehlen) widerspricht, also ein Häretiker ist, soll mundtot gemacht und zensiert werden. Es ist also gut möglich, dass auch dieses Buch irgendwann den wütenden und übereifrigen Zensoren zum Opfer fällt, weil darin unangenehme Wahrheiten auf den Tisch gelegt werden. Denn was den „gängigen Lehrmeinungen" widerspricht, gilt heutzutage als „Desinformation".

---

1 https://www.amazon.de/dp/B07ZCD14DP

Weiters finden Sie in diesem Buch nicht nur Links zu wichtigen Studien, sondern auch zu sehr interessanten und informativen Artikel zum Thema Klimawandel. Artikel (unter anderem auch welche von mir, die ich bei Report24 veröffentlicht habe), die Sie gerne auch an Familienangehörige, Freunde und Bekannte weiterleiten können, um so Fakten zu verbreiten. Ganz im Allgemeinen möchte ich Ihnen generell folgende (deutsch- und englischsprachige) Webseiten ans Herz legen, damit Sie auch über weitere künftig erscheinende Studien und Berichte informiert werden:

Report24 – https://report24.news/ (dort bin ich Autor und berichte auch über dieses Thema)

Blackout News – https://blackout-news.de/

Klimanachrichten – https://klimanachrichten.de/

Europäisches Institut für Klima und Energie (EIKE) – https://eike-klima-energie.eu/

Watts Up With That – https://wattsupwiththat.com/

No Tricks Zone – https://notrickszone.com/

Packen Sie diese Seiten in ihre Lesezeichen und schauen Sie dort auch öfter mal vorbei. Sie werden rasch bemerken, dass die Wahrheit über den Klimawandel deutlich vielschichtiger ist als es Ihnen Politik und Mainstreammedien weismachen wollen.

Ganz allgemein hoffe ich, dass ich Ihnen mit diesem Buch eine sehr gute Argumentationsgrundlage liefern kann, falls Sie einmal in ein Streitgespräch mit Klimafanatikern geraten. Und natürlich würde ich mich freuen, wenn Sie dieses Buch bei Gefallen weiterempfehlen. Doch nun genug vom Vorwort, widmen wir uns nun den Zahlen, Daten und Fakten.

Herzlichst, Ihr

Heinz Steiner

Warmzeiten und Kaltzeiten

Seit Jahrmillionen verändert sich das globale Klima. Manchmal langsamer, aber manchmal auch mit einer Dramatik, die zu enormen Umwälzungen führen. Die Ursachen dafür sind vielschichtig. Von der allgemeinen Sonnenaktivität, Asteroideneinschlägen oder der vulkanischen Aktivität über die Neigung und Entfernung der Erde hin zur atmosphärischen Zusammensetzung und auch zur Verteilung der Land- und Wassermassen spielt alles eine Rolle. Es ist ein Zusammenspiel dieser (und noch weiterer) Faktoren, welches über die Temperaturen auf unserem Planeten entscheidet.

Wie Sie anhand der ZAMG-Grafik auf der folgenden Seite erkennen können, gab es in den letzten etwa 4,6 Milliarden Jahren einen gewissen Abkühlungstrend, der nur zwischenzeitlich mit dem Beginn der Trias vor etwa 250 Millionen Jahren bis etwa zum Ende des Eozän vor rund 50 Millionen Jahren mit etwas erhöhten Temperaturen unterbrochen wurde. Seitdem haben wir wieder eine Abkühlungstendenz, so dass sich unsere Erde seit etwa 2,6 Millionen Jahren wieder in einer Kaltzeit befindet. Die letzte solche Kaltzeit hatten wir in den Zeitaltern Karbon und Perm, mit teils deutlich kälteren Temperaturen als heute. Und mehr noch verdeutlicht die Grafik, dass Kaltzeiten wie wir sie seit mehr als zweieinhalb Millionen Jahren kennen nur kurze Perioden darstellen.

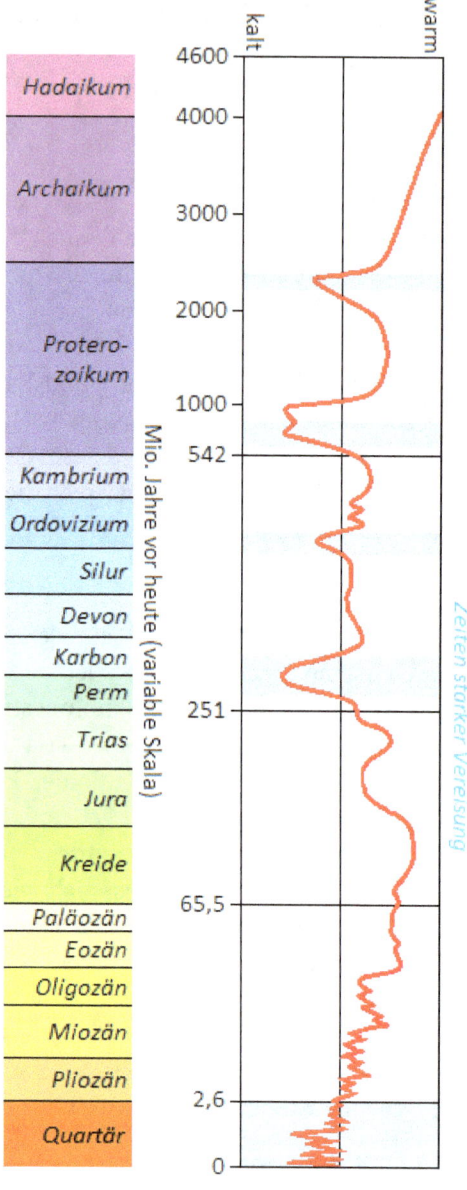

Interessanter wird es, wenn wir uns vor allem die jüngere Erdgeschichte ansehen. Die nachfolgenden Grafiken[2] zeigen die Temperaturveränderungen während der letzten 541 Millionen Jahre. Sehen Sie, wie die Temperaturen seit der Spitze in der letzten Kreidezeit mit zwei kleineren Ausreißern zwischendurch stetig nach unten gingen? Das sind etwa 17 Grad Celsius in etwa 85 Millionen Jahren. Kälter als in den letzten 66 Millionen Jahren war es zuletzt im Perm vor etwa 275 Millionen Jahren. Und wenn wir uns diese letzten 66 Millionen Jahre (die Zeitalter des Paläogen, des Neogen und des Quartär) ansehen, können wir sagen, dass wir uns wieder auf einem Niveau befinden, wie es vor etwa drei Millionen Jahren während des Pliozäns war.

Wir können sagen: Vor etwa 50 Millionen Jahren (die PETM-Spitze in der Grafik) begann eine Abkühlungswelle, die zu einer veritablen Eiszeit mit dem Maximum vor rund 18.000-19.000 Jahren führte. Von da an gab es wieder einen Temperaturanstieg, der vor etwa 12.000 Jahren zum Begin des Holozäns führte. Es sei daran erinnert, dass die Hominiden – unsere Vorfahren – etwa zu Beginn des Peistozäns vor etwa 2,5 Millionen Jahren auftauchten. Eine Zeit, in der es etwas kälter war als heute, so dass wohl der afrikanische Kontinent angenehmere klimatische Bedingungen aufwies. Und trotz des kalten Klimas seitdem - mit seinen Eiszeiten - breitete sich die Menschheit aus. Und sie gedieh am meisten während des holozänen Maximums während der letzten rund 10.000 Jahre.

---

2 Grafikquelle:
   https://de.wikipedia.org/wiki/Datei:Temp-
   phanerozoic_combined-de.svg

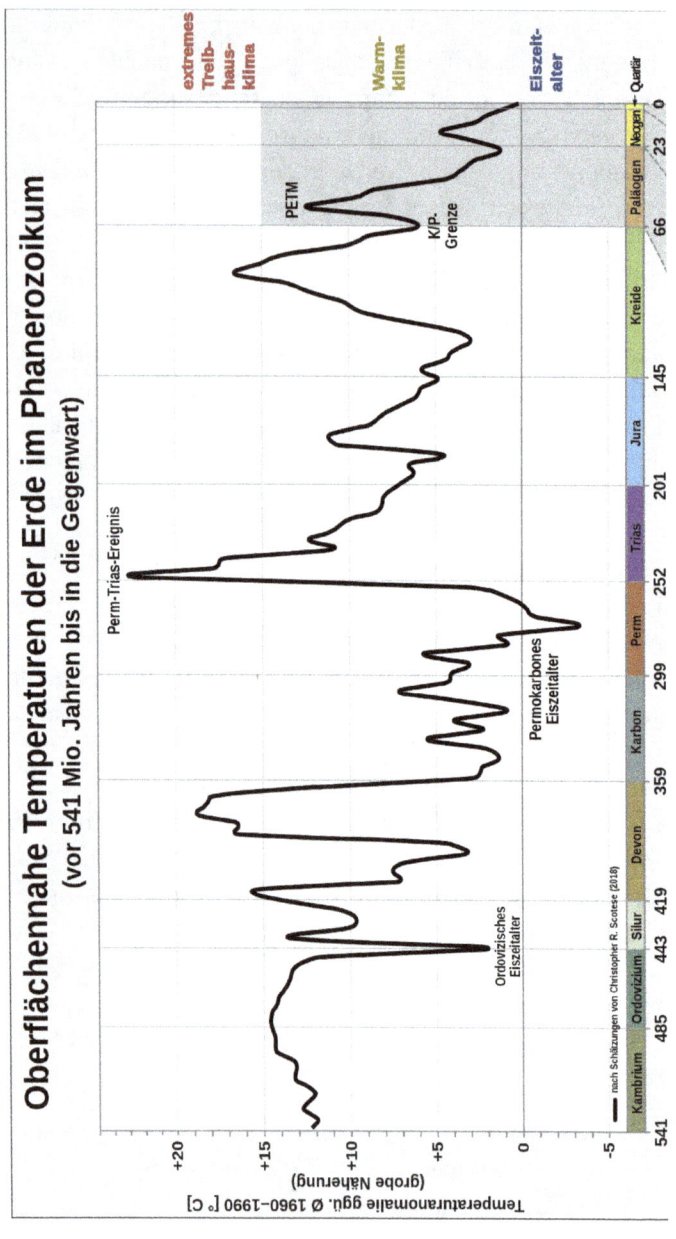

Oberflächennahe Temperaturen der Erde im Phanerozoikum
(vor 541 Mio. Jahren bis in die Gegenwart)

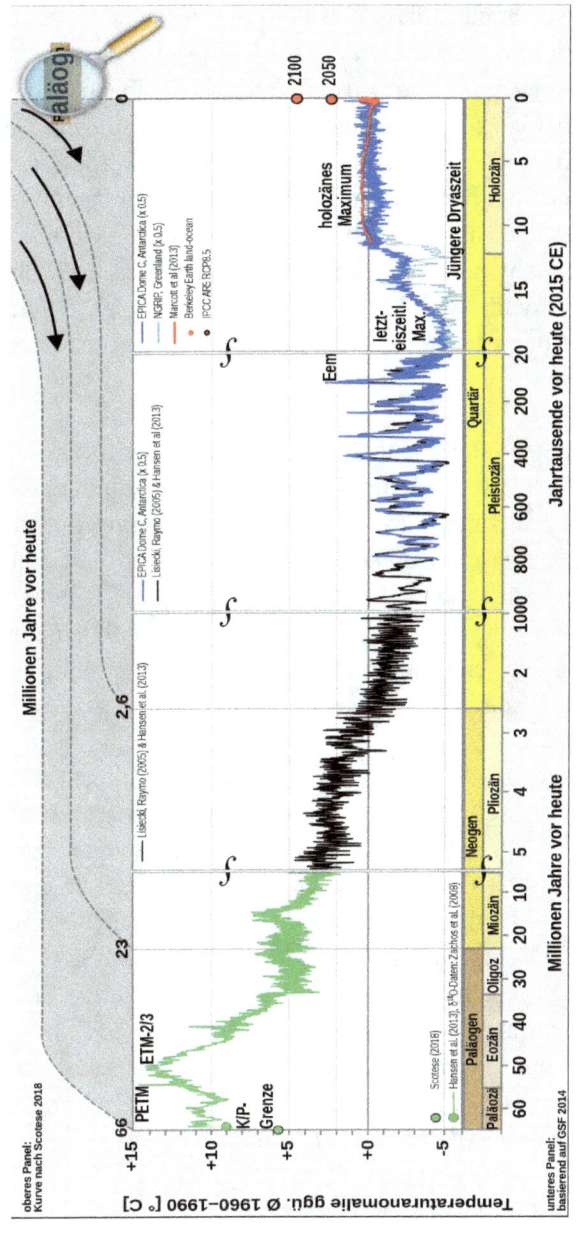

Wie Sie anhand der roten Punkte für die Jahre 2050 und 2100 in der Grafik erkennen, wurden bei der Grafik für Wikipedia die Temperaturschätzungen der Klimafanatiker für diese Jahre angefügt. Schätzungen, die (wie ich Ihnen später noch aufzeigen werde) auf Klimamodellen beruhen, welche mit unvollständigen und teils auch nicht wirklich korrekten Daten gefüttert wurden. Mehr noch ignorieren diese Prognosen auch die Sonnenaktivität, welche auf einen abkühlenden Effekt während der nächsten Jahrzehnte hindeutet. Auch dazu später mehr.

Wichtiger ist es jedoch zu verstehen, dass wir uns erdgeschichtlich betrachtet in einer Kaltzeit befinden, die jedoch jederzeit durch irgendwelche gravierenden Auslöser zu rasch ansteigenden Temperaturen und eine neue Warmzeit übergehen kann. Die ganzen früheren Temperaturspitzen (die Sie auch in den Grafiken gut erkennen können) kamen auch völlig ohne menschliches Zutun zustande.

Und mehr noch: Wenn wir uns die allgemeinen Tendenzen während der letzten sagen wir rund 65 Millionen Jahre (seit der letzten Spitze) so ansehen, sollten wir uns eigentlich viel mehr davor sorgen, in eine neue Eiszeit abzugleiten. Um etwa 5 Grad Celsius niedrigere Temperaturen in 20 Millionen Jahren sind da nämlich durchaus möglich. Doch wenn die heutige Erde eigentlich nur 1 bis 2 Milliarden Menschen nachhaltig ernähren und versorgen kann – wie viele Menschen soll dann eine deutlich kältere Erde in Zukunft durchbringen können, wenn es deutlich geringere Ernten geben wird?

Wenn man das Gesamtbild betrachtet, kommt man zum Schluss, dass wir uns in einer Kaltzeit befinden. Eine, die sich unter Umständen wieder dem Ende zuneigt und in Sachen Temperaturen nach oben ausbricht. Auch ohne irgendwelches menschliches Zutun. Und selbst wenn der Mensch für einen Teil des atmosphärischen Temperaturanstiegs verantwortlich sein sollte, wäre dies eigentlich mehr ein Segen als ein Fluch. Wir sollten nicht vergessen, dass sich die Menschheit seit Anbeginn ihrer Existenz als widerstandsfähig erwiesen hat und selbst den widrigsten Umständen der letzten Eiszeiten trotzte. Wärmere Zeiten mit einer blühenderen Vegetation wären diesbezüglich wahrscheinlich sogar ideal.

Mega-Faktor Sonnenzyklen

Auf jeden Fall sehen wir anhand der verfügbaren Daten, dass die Erde im Laufe der Jahrmillionen insgesamt einen leichten Abkühlungstrend verzeichnete, der dabei auch wellenförmig von zwischenzeitlichen Wärmeperioden und ebenso Eiszeiten geprägt war. In den letzten paar Millionen Jahren mündete dies in einer erneuten Eiszeit und einer darauf folgenden Wiedererwärmung. Diese neue – seit nunmehr ein paar tausend Jahren andauernde – Wärmephase könnte dabei auch mit einer zwischenzeitlich stärkeren Sonnenaktivität zusammenhängen.

Denn interessanterweise wurden in den letzten Jahre in unserem ganzen Sonnensystem an verschiedenen Stellen Temperaturanstiege festgestellt. Und zwar von unserem Mond bis hin zu verschiedenen Planeten. Doch da es dort bekanntlich keine Menschen und keine menschliche Aktivitäten gibt, kann man dafür auch keinen so genannten „anthropogenen Klimawandel" verantwortlich machen, oder? Zumindest wäre solch eine Behauptung ziemlich unglaubwürdig, möchte man meinen. So schrieb ich in einem Artikel[3] bei Report24 dazu:

---

3   https://report24.news/menschengemachter-klimawandel-unser-gesamtes-sonnensystem-scheint-sich-zu-erwaermen/

So weist der Neptun-Mond Triton eine Zunahme der Oberflächentemperatur[4] auf und selbst beim Mars gab es seit den 1970ern eine leichte Erwärmung[5]. Bei unserem Mond sieht es nicht anders aus: Um etwa 3 Grad ist die Temperatur auf unserem Trabanten gestiegen – und Schuld daran sollen natürlich die Menschen (in Form der Astronauten) sein[6]. Diese haben nämlich in den Jahren 1971 und 1972 dort Thermometer installiert und angeblich einfach mehr dunklen Staub aufgewirbelt, der zu einer Erwärmung geführt haben soll. Einschlagende Meteoriten würden sowas ja nicht machen.

Aber selbst Pluto verzeichnete demnach eine deutliche Klimaerwärmung[7] und auf dem Jupiter wurde eine wahre „Hitzewelle"[8] verzeichnet. Ebenso verzeichneten die Wissenschaftler eine Temperaturzunahme der

---

4 https://t.co/RkTsVakz7V

5 https://www.stern.de/panorama/wissen/kosmos/tem peraturanstieg-klimawandel-auch-auf-dem-mars-3361996.html

6 https://www.businessinsider.de/wissenschaft/die-temperatur-auf-dem-mond-ist-gestiegen-und-die-nasa-koennte-schuld-sein-2018-6/

7 https://www.wissenschaft.de/astronomie-physik/klimawandel-auf-pluto/

8 https://phys.org/news/2022-09-planetary-scale-jupiter-atmosphere.html

Oberfläche des Saturns[9]. Alles Erwärmungen, für die man alles Mögliche verantwortlich machen will, nur nicht unsere Sonne. Wie kann es ja auch sein, dass faktisch überall in unserem Sonnensystem die Temperaturen ansteigen und sich die Sonne als unser Zentralgestirn dafür verantwortlich zeichnet? Oder liegt es einfach daran, dass man so ja auch zugeben müsste, dass ein gewisser Teil der Klimaerwärmung auf der Erde auch der Sonne zugeschrieben werden müsste und das einfach nicht ins Skript der Klimafanatiker passt?

Dies passt auch zu den Sonnenzyklen, die man auch als „solare Jahreszeiten" bezeichnen könnte. Florian Machl schrieb beispielsweise für Report24 dazu:[10]

Was aber ist der Hintergrund dieser Zyklen? Wissenschaftler haben zur Klärung des Rätsels auf Modelle des Sonnensystems gesetzt, wo die Bahnen der großen Planeten und Objekte gut bekannt sind. Ebenso bekannt ist, dass speziell die größten Planeten des Sonnensystems eine Art „Gravitationstanz" mit der Sonne veranstalten, ihre Kraft also deutlich auf die Sonne einwirkt. Die Schwerkraft der Planeten „zieht" an der Sonne, in deren Inneren dann Prozesse ablaufen, welche die Aktivität und damit die Strahlungsleistung beeinflussen.

---

9 https://www.popsci.com/science/why-saturns-atmosphere-is-heating-up/

10 https://report24.news/klima-hysteriker-leugnen-sonnenzyklen-die-6-10-grad-temperaturaenderung-ermoeglichen/

Unsere Sonne beeinflusst unser globales Klima also enorm. Dies ist ein wichtiger Fakt, der von den Klimafanatikern gerne unterschlagen wird. Denn all diese Sonnenzyklen (vom Suess-de-Vries-Zyklus über den Gleißberg-Zyklus bis hin zum Dansgaard-Oeschger-Zyklus, den Schwabe-Zyklus und den Hale-Zyklus) wirken sich auf das Klima unseres Planeten aus.

Auch darf man den Aspekt der „taumelnden Sonne" nicht vergessen, der ebenfalls für klimatische Schwankungen sorgt. Unser Zentralgestirn ist nämlich kein unbeweglicher Fixpunkt, sondern „taumelt" bzw. „wankt" vielmehr durch das Weltall. Der Grund dafür sind verschiedene auf die Sonne einwirkende Kräfte wie die Gravitation (insbesondere der großen Planeten Jupiter und Saturn) und Elektromagnetismus. Robin Minotti hat dies auch in einer Grafik, die er auf X (dem früheren Twitter) veröffentlichte, deutlich dargestellt.[11] Sie finden diese hier im Buch auf der nächsten Seite. Diese Grafik stammt von der Studie „Frontiers in Astronomy & Space Science; Section: Stellar & Solar Physics. August 2022: The Planetary Theory of Solar Activity Variability: A Review" der italienischen Wissenschaftler Nicola Scafetta und Antonio Bianchini.[12] Dabei zeigt Bild A die Bewegung der taumelnden Sonne von 1944 bis 2020. Bild B zeigt die Entfernung und Geschwindigkeit der Sonne, relativ zum Baryzentrum des Sonnensystems von 1800 bis 2020.

---

11 https://twitter.com/robinmonotti/status/1699720100981452911

12 https://www.frontiersin.org/articles/10.3389/fspas.2022.937930/full

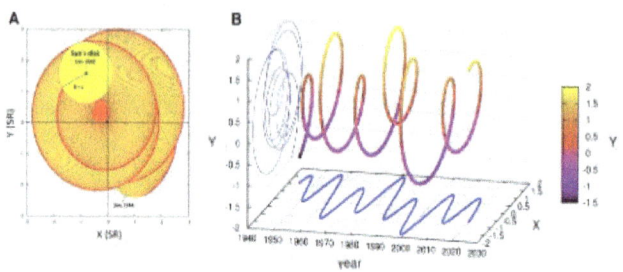

Wie Sie deutlich erkennen können, darf man solche Bewegungen nicht außer Acht lassen, zumal die Sonne für das globale Klima eine zentrale Rolle spielt. In meinem Artikel bei Report24 habe ich auch einige Tweets mit bewegten Bildern eingebaut, so dass Sie sich selbst davon überzeugen können.[13]

Wir haben also die Sonnenzyklen, die taumelnde Sonne und auch die Sonnenflecken, welche eine Rolle in Bezug auf das globale Klima spielen. Um Ihnen einen Zusammenhang zwischen Sonnenflecken und den Temperaturen auf der Erde zu erklären, möchte ich auf einen aufschlussreichen Artikel von Chris Frey bei EIKE vom September 2020 mit dem Titel „Sonnenzyklen, globale Temperatur und atmosphärische CO_2-Konzentrationen seit der Industrialisierung" hinweisen.[14]

---

13 https://report24.news/taumelnde-sonne-warum-wird-dieser-faktor-von-den-klimafanatikern-ignoriert/

14 https://eike-klima-energie.eu/2020/09/04/sonnenzyklen-globale-

So erklärt er in Bezug auf die Temperaturanomalien seit Ende der kleinen Eiszeit um 1860 mit Hilfe einer grafischen Darstellung:

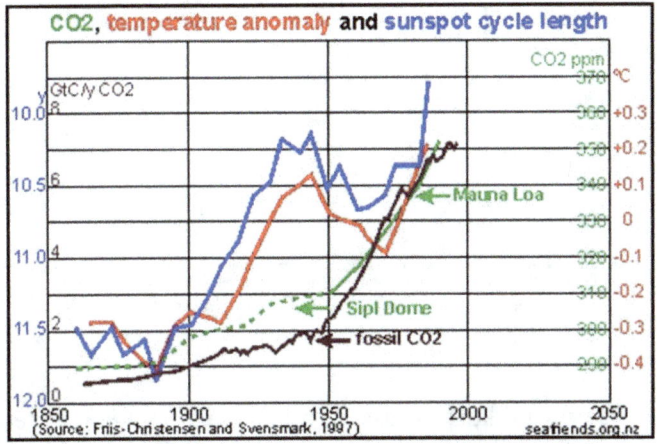

Abbildung: Auch für die jüngere Vergangenheit gilt: Die globale Temperatur korreliert mit dem Sonnenfleckenzyklus, nicht mit den CO_2-Konzentrationen. Zuerst steigen die globalen Temperaturen, erst danach steigen die CO_2-Konzentrationen

„Von 1860 bis 1890 gab es noch keine nennenswerten Veränderungen der dargestellten Parameter. Von 1890 bis circa 1945 nahm die Intensität der Sonnenzyklen zu, gefolgt von einem Anstieg der globalen Temperaturen um etwa 0,4°C. Während dieser Zeit lag die europäische Industrie aufgrund des 1. Weltkriegs für lange Zeit am Boden und – wie aus der Abbildung zu erkennen ist – die CO2-Konzentrationen der Luft blieben niedrig. Sie stiegen erst ab Ende des 2. Weltkriegs deutlich an, d.h. mit einer Verzögerung von gut 50 Jahren."

temperatur-und-atmosphaerische-co2-konzentrationen-seit-beginn-der-industrialisierung/

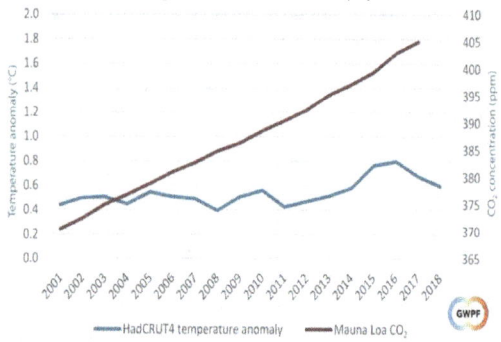

21. Jahrhundert: Wenig veränderte globale Temperatur (blau) bei deutlichem Anstieg der globalen CO2-Konzentrationen (rot)

Seit Beginn diesen Jahrhunderts haben sich die globalen Temperaturen von Jahr zu Jahr kaum verändert, obwohl die atmosphärischen CO2-Konzentrationen um 25 ppm gestiegen sind. Nur während der Phase des Super El-Niño 2015/16 stiegen die Temperaturen leicht an, fielen aber von 1016 – 2018 wieder ab (Stand: 2.7.2019 – Dr. David Whitehouse, Global Warming Policy Foundation Science Editor)

Frey erklärt, dass trotz der zunehmenden Industrialisierung und des erhöhten Ausstoßes von Kohlendioxid nach dem Zweiten Weltkrieg die Temperaturen von 1945 bis etwa 1970 um 0,2°C abnahmen. Dies, so der Autor, hing mit einer geringeren Sonnenaktivität zusammen. Damals sprachen die Medien von einer „neuen Eiszeit" und warnten sogar davor, dass die globalen Temperaturen bis zum Jahr 2021 um bis zu 6°C abfallen würden. Doch dem war augenscheinlich nicht der Fall. Denn die Sonne verstärkte ihre Zyklen von 1875 bis 1995 wieder, was zu einem Temperaturanstieg von 0,3°C führte. Doch weil in dieser Zeit auch gleichzeitig die CO2-Werte parallel stiegen, wurde daraus die Mär vom bösen Kohlendioxid ersonnen, welches man bekämpfen müsse. Offensichtlich beruhen auch viele Klimamodelle auf diesen falschen Annahmen. Denn (siehe Grafik oben) wie der Vergleich der Temperaturentwicklung und der CO2-Konzentration von

2001 bis 2018 verdeutlicht, geht die Zunahme des Spurengases in der Atmosphäre nicht mehr mit der Temperaturentwicklung konform. Während die CO_2-Konzentration weiter zunimmt, blieben die Temperaturen relativ konstant. Als Fazit konstatiert Frey, dass es seit Beginn der Industrialisierung nur im Zeitraum von 1975 bis 1995 eine positive Korrelation zwischen den CO_2-Konzentrationen und der globalen Erwärmung gab. Allerdings lasse sich die Korrelation zwischen Sonnenzyklen und den globalen Temperaturen für die gesamten 150 Jahre nachweisen. Doch auch er berücksichtigt die zunehmende Urbanisierung, welche neue lokale Hitzeinseln schafft und somit auch zu einer Verzerrung der bei den jeweiligen Stationen gemessenen Temperaturen führt.

In einem weiteren EIKE-Artikel[15] erklärt Frey: *„Eines ist klar: Das solare Maximum, das die zweite Hälfte des 20. Jahrhunderts dominierte – und vermutlich nicht ganz zufällig mit einem starken Schub der globalen Erwärmung zusammenfiel – ist auch im Kontext der letzten 10.000 Jahre ein besonders bedeutendes Maximum. Usoskin et al. 2014[16] rekonstruierten die solare Aktivität für die letzten 3000 Jahre und dokumentierten die kürzlich besonders kräftige Strahlkraft der Sonne."* Allerdings, so die Studien zu den Sonnenzyklen, steuern wir auf zwei neue solare Minima zu. Er schreibt:

---

15 https://eike-klima-energie.eu/2017/11/03/die-wunderbare-welt-der-sonnenzyklen/

16 http://www.co2science.org/articles/V17/N32/C1.php

„Wir kommen zu dem Ergebnis, dass eine stationäre Komponente der solaren Variabilität kontrolliert wird durch die 12-jährige Jupiter-Periode und die 84-jährige Uranus-Periode mit Unterschwingungen [subharmonics]. In den Fällen TSI und Sonnenflecken-Variationen finden wir stationäre Perioden in Relation zur 84-jährigen Uranus-Periode. Deterministische Modelle auf der Grundlage der stationären Perioden bestätigen die Ergebnisse in Gestalt einer engen Relation zu bekannten langen solaren Minima seit dem Jahr 1000 und zeigen eine moderne Maximum-Periode von 1940 bis 2015. Die Modelle berechnen ein neues Sonnenflecken-Minimum des Dalton-Typs von etwa 2025 bis 2050 und eine neue Periode des TSI-Minimums vom Dalton-Typ von etwa 2040 bis 2065."

Das heißt aber auch, dass wir in den Jahren 2025 bis 2065 wieder mit im Schnitt kühleren Temperaturen rechnen müssen. Und das völlig unabhängig von der weiteren Entwicklung der Kohlendioxid-Konzentration in der Atmosphäre. Allerdings stellt sich dabei die Frage, wie die „Dekarbonisierer" dies dann den Menschen erklären wollen, zumal auch in den kommenden Jahrzehnten keine Abnahme bei den CO2-Werten zu erwarten ist. Doch wen wollen die Anhänger der Klimasekte dann für diesen Klimawandel verantwortlich machen?

Böses Kohlendioxid?

Für die Klimahysteriker sind die sogenannten „Treibhausgase" wie Kohlendioxid (eigentlich Kohlenstoffdioxid) und Methan die Hauptfaktoren für die Temperaturschwankungen auf der Erde. Die ganzen Forderungen zur „Dekarbonisierung" der globalen wirtschaftlichen Aktivitäten und der Energiegewinnung basieren auf der Annahme, dass ein wachsender Anteil an Kohlendioxid mit einer Zunahme bei den durchschnittlichen Oberflächentemperaturen auf der Erde einhergeht.

Doch die Realität – so mehrere Studien – ist deutlich vielschichtiger als es uns die Klimafanatiker weis machen wollen. Da ich in den letzten Monaten vor der Erstellung dieses Buches über einige dieser Studien und Untersuchungen geschrieben habe, werde ich Ihnen an dieser Stelle die wichtigsten Auszüge mit Links zu den Artikeln und den Studien präsentieren. Sie werden erkennen, dass das Kohlendioxid, welches für die Photosynthese der Pflanzen unerlässlich ist, in Bezug auf das globale Klima nur einen sehr geringen Einfluss hat.

Zuerst einmal müssen wir einmal den wissenschaftlich belegten Fakt betrachten, dass der größte Teil der CO2-Emissionen auf natürlichen Ursachen basiert. So schrieb ich unter Berufung auf eine bahnbrechende Studie, die sich mit früheren Studien deckt:[17]

---

17 https://report24.news/studie-groesster-teil-der-co2-emissionen-hat-natuerliche-ursachen/

Einen wichtigen Beitrag dazu leistet auch eine neu veröffentlichte Studie[18] zu den Quellen des Kohlendioxids in unserer Luft. Diese zerlegt einige Behauptungen der Klimaspinner in Sachen CO2. Denn um ihre Dogmen vom „bösen Kohlendioxid" vertreten zu können, nutzen diese in ihren Bilanzen komplett unterschiedliche Annahmen zur „Verweilzeit" des Spurengases in der Atmosphäre. Denn während man seitens der Klimafanatiker (richtigerweise) davon ausgeht, dass die natürlichen CO2-Emissionen für etwa 3 bis 4 Jahre in der Atmosphäre verweilen, bis sie von den Pflanzen wieder rekarbonisiert werden, soll das vom Menschen verursachte Kohlendioxid 50 bis 100 Jahre in der Luft verbleiben. Ganz so, als ob das Blatt eines Baumes sagen würde: „Hey, du bist menschliches CO2, dich photosynthetisiere ich nicht. Ich will natürliches CO2!"

Verstehen Sie, wie absurd diese Behauptung ist? Doch nur so können die gerade einmal 5 Prozent anthropogenes CO2 am gesamten globalen CO2-Ausstoß dermaßen überbewertet werden. Und mehr noch: Um diese etwa 5 Prozent (eigentlich sogar weniger, da es ja um „Netto-Null" und nicht um „Komplett-Null" geht) zu eliminieren, wollen diese Fanatiker die Landwirtschaft ruinieren und die komplette Wirtschaft an die Wand fahren.

Also: Laut dieser Studie beträgt der Anteil des vom Menschen verursachten Kohlendioxids etwa 5 Prozent

---

18 https://scienceofclimatechange.org/wp-content/uploads/Harde-2023-Understanding-Increasing-CO2.pdf

der gesamten jährlichen Produktion. Der Rest hat natürliche Quellen. Ein Diskussionsbeitrag – jener von Dr. Harde[19], der als Antwort auf einen Kommentar eines Klimafanatikers[20] auf die Studie publiziert wurde – kommt demnach zum Schluss, dass die Natur seit dem Jahr 1958 jährlich etwa 31,2 Teile pro Million (ppm) Kohlendioxid produziert, während die Menschheit 5,5 ppm/Jahr dazu beiträgt. Das wären dann etwa 15 Prozent der gesamten Emissionen. Doch wie wir auch wissen, sorgen höhere CO2-Level in der Atmosphäre für ein verbessertes Pflanzenwachstum, so dass auch der entsprechende natürliche Nahrungsbedarf langsam aber sicher wächst. Doktor Harde hat einen Zeitraum von etwa 3,8 Jahren für das zusätzliche Kohlendioxid berechnet.

Basierend auf den nun bekannten Fakten, dass der anthropogene Anteil der Kohlendioxid-Emissionen an den gesamten jährlichen Emissionen eigentlich bereits relativ gering (zwischen 5 und 15 Prozent) ist und die Absorbierung dieses zusätzlichen Spurengases (auch durch den Dünge-Effekt bei Pflanzen) weniger als vier Jahre dauert, kann man Folgendes konstatieren: Die ganzen Anstrengungen der Klimafanatiker und der Globalisten, diese 5,5 ppm/Jahr an zusätzlichem Kohlendioxid auf Null zu drücken, werden schlussendlich kaum Auswirkungen haben. Denn wie ich Ihnen nachfolgend auf Basis von Studien belegen werde, folgt der Anstieg des atmosphärischen Kohlendioxids den Temperaturerhöhungen und nicht anders herum.

19 https://scienceofclimatechange.org/wp-
   content/uploads/Harde-2023-Reply-Englbeen.pdf

20 https://doi.org/10.53234/scc202301/26

Um es einfach zu erklären: Wenn es auf der Erde wärmer wird, gibt es auch mehr Leben. Mehr Leben heißt auch mehr Aktivität bei Flora und Fauna. Es wird mehr CO_2 produziert, doch die Absorption dauert etwas länger als die Produktion. Wenn es dann z.b. durch eine verringerte Sonnenaktivität wieder kühler wird und z.b. längere, kältere Winter kommen, sorgt der natürliche Kreislauf des Lebens für ein geringeres Nahrungsmittelangebot und damit auch für eine Reduktion bei den Tierpopulationen. Gleichzeitig sinkt langsam aber beständig auch die CO_2-Aufnahmefähigkeit der Pflanzen, so dass natürliche CO_2-Senken wie die Ozeane (die zuvor durch die Erwärmung mehr CO_2 abgaben als sie aufnahmen) nun diese Aufgabe übernehmen. Auch hier heißt es: Zuerst sinkt die Temperatur, dann folgt auch die CO_2-Konzentration nach unten.

So hat der pensionierte Professor Stuart A. Harris in der renommierten Fachzeitschrift „Atmosphere"[21] eine höchst interessante Studie veröffentlicht, in der er auf die Sonnenzyklen und deren Auswirkungen auf die Ozeanzirkulation und den Hitzetransport eingeht, welche das Klima ebenfalls nachhaltig beeinflussen. Weiters bestätigt auch er in seinem Papier, dass die Temperaturveränderungen den Änderungen beim CO_2-Gehalt in der Luft vorangehen. Im Grunde genommen handelt es sich demnach also um durch die Sonne verursachte Temperaturschwankungen, denen das Leben auf der Erde und damit auch die Kohlendioxidmenge in der Atmosphäre folgt.

---

21 https://doi.org/10.3390/atmos14081244

Ein anderer Wissenschaftler, der mittlerweile verstorbene Dr. Ernst-Georg Beck, stellte eine umfassende chemische Datenbank von Luftproben aus aller Welt zusammen, um so die CO_2-Konzentrationen im Laufe der Zeit zu analysieren.[22] Das Ergebnis habe ich ein einem Artikel zusammengefasst:[23]

Die gemessenen Daten, die vom 19. Jahrhundert bis zur Mitte des 20. Jahrhunderts reichen, zeigen erhebliche Variabilität. Zwischen 1939 und 1943 erreichte der globale atmosphärische CO_2-Gehalt 383 ppm und entsprach damit den Werten von 2007. Nach den frühen 1940er Jahren fiel der CO_2-Gehalt jedoch bis Ende der 1940er Jahre auf 310 ppm. Diese Schwankungen stehen im Einklang mit Veränderungen der Meeresoberflächentemperatur und temperaturabhängiger Bodenatmung, was darauf hindeutet, dass die Temperatur die CO_2-Variationen antreibt. Die Analyse legt nahe, dass von den 90 ppm Anstieg des CO_2 seit 1958 höchstens 12 ppm auf anthropogene Emissionen zurückzuführen sind. Selbst in den frühen 1940er Jahren, als der CO_2-Gehalt 383 ppm betrug, wurde der Einfluss anthropogener Emissionen als minimal angesehen. Dies stellt das herkömmliche Verständnis der CO_2-Dynamik infrage und verdeutlicht das komplexe Zusammenspiel zwischen natürlichen Faktoren und menschlichen Aktivitäten.

---

22 https://doi.org/10.53234/scc202112/16

23 https://report24.news/100-000-messungen-seit-1826-zeigen-der-mensch-ist-nicht-fuer-co2-veraenderungen-verantwortlich/

Doch das ist noch lange nicht alles. Es zeigt sich nämlich immer deutlicher, dass nicht diverse Spurengase wie die von den Klimafanatikern gerne verteufelten angeblichen „Treibhausgase" Kohlendioxid oder Methan eine gewichtige Rolle hinsichtlich der klimatischen Veränderungen spielen, sondern vielmehr der sich in der Luft befindliche Wasserdampf und die Wolkenbedeckung unseres Planeten. Ich möchte Sie an dieser Stelle (und auch im Allgemeinen in diesem Buch) nicht mit irgendwelchen komplizierten und für den Laien ohnehin unverständlichen Formeln und mathematischen Berechnungen langweilen. Sie finden diese bei Bedarf in den in diesem Buch in den Fußnoten angeführten Studien und Artikeln zur Genüge. Vielmehr möchte ich Ihnen hier einfach gerne zeigen, dass wir den Fokus auf die – neben unserem Zentralgestirn, der Sonne – offensichtlichen Faktoren legen sollten. Faktoren, die auch in diversen Studien angesprochen werden.

Deshalb möchte ich an dieser Stelle auf eine Studie verweisen, die im „Hydrological Sciences Journal" veröffentlicht wurde[24]. Darin weisen die Autoren schlüssig nach, wie sehr eben der Wasserdampf und die Wolkenbedeckung einen gewaltigen Einfluss auf den sogenannten „Treibhauseffekt" auf unserem Planeten haben. Wie ich diesbezüglich in einem Artikel für Report24 schrieb:[25]

---

24 https://doi.org/10.1080/02626667.2023.2287047

25 https://report24.news/studie-wasserdampf-und-wolken-fuer-treibhauseffekt-entscheidend-nicht-co2/

Die Forscher stellten nach der Analyse von Daten aus 71 weltweit verteilten Standorten fest, dass der Anstieg der CO2-Konzentration von 300 auf 420 ppm seit dem Jahr 1900 „den Treibhauseffekt nicht in erkennbarer Weise verändert hat". Vielmehr, so die Wissenschaftler, habe sich in den letzten Jahren sogar eine Abnahme des Treibhauseffekts gezeigt, obwohl die CO2-Konzentration weiter stieg. In einer anderen, im Jahr 2003 veröffentlichten Studie[26], wurde eine solche Abnahme ebenfalls festgestellt und dabei ebenso auf die Zunahme der angeblichen Treibhausgase verwiesen.

Doch diese Erkenntnisse sind nicht neu. Bereits in den Jahren 1979[27] und 1981[28] wurden entsprechende Studien veröffentlicht, die auf den maßgeblichen Einfluss von Wasserdampf und Wolken auf das Klima hinweisen. Im Textbook „Physics of the Atmosphere and Climate"[29] schreibt der Autor, Professor Murry L. Salby: „Kohlendioxid ... erhöht die absteigende LW-Strahlung

---

26 https://agupubs.onlinelibrary.wiley.com/doi/full/10.1
029/2002GL016128

27 https://journals.ametsoc.org/view/journals/apme/18
/6/1520-
0450_1979_018_0822_qctpio_2_0_co_2.xml?
tab_body=pdf

28 https://journals.ametsoc.org/view/journals/atsc/38/5
/1520-0469_1981_038_0918_trooai_2_0_co_2.xml?
tab_body=pdf

29 http://agwn.homeip.net/++-PDF/++-
PhysicsoftheAtmosphere.and.Climate-MurrySalby.pdf

um ~1,5 W/m². Es handelt sich um etwa 0,5 % der gesamten absteigenden Strahlung von 327 W/m², die die Erdoberfläche erwärmt. Der überwiegende Teil dieser Erwärmung wird durch Wasserdampf verursacht. Zusammen mit den Wolken ist dieser für 98 % des Treibhauseffekts verantwortlich."

Diese Studienergebnisse klingen auch logisch. Warum sollte ein Spurengas, welches derzeit gerade einmal rund 420 Teile pro Million ausmacht, einen so großen Einfluss auf die Absorbierung oder Rückstrahlung der wärmenden Energien unserer Sonne haben? Grob gesagt machen Stickstoff 78 Prozent (780.800 ppm) und Sauerstoff 21 Prozent (29.500 ppm) unserer Atemluft aus. Die restlichen etwa ein Prozent bestehen aus 0,93 Prozent (9.300 ppm) Argon, 0,04 Prozent Kohlendioxid (420 ppm), sowie andere Spurengasen (Neon, Helium, Stickoxide usw.). Hinzu kommen Staub, biologische Teilchen wie Pollen und Sporen, sowie Wasserdampf.[30]

Auch wenn der Wasserdampf in Bodennähe im Mittel nur 1,3 Prozent des Luftvolumens (etwa 0,1 Prozent an den Polen, um die 3 Prozent in den Tropen) ausmacht, spielt dieser eine gewichtige Rolle in Bezug auf das Klima. Denn dieser Dampf trägt zur Wolkenbildung bei. Selbst jemand ohne wissenschaftliche Ausbildung erkennt auf den ersten Blick, dass die Dichte des Wasserdampfs (insbesondere der Wolken) in Bezug auf die Temperaturen eine gewichtige Rolle spielt. Dazu reicht der gesunde Menschenverstand völlig aus.

---

30 https://de.wikipedia.org/wiki/Luft

Interessant in Bezug auf dieses Thema ist auch ein Artikel von Fred F. Mueller über das Klima in Europa, welches unter einer mangelnden Wolkenbildung leide und nicht unter einem CO2-Anstieg. So schrieb er:[31]

Laut offiziellen Quellen (NOAA[32], DWD[33]) beträgt die Netto-Langzeitkühlungswirkung von Wolken etwa -20 W/m2. Sie ist damit deutlich stärker als der sogenannte Rückstrahlungseffekt durch erhöhte „Treibhausgase", der lediglich bei +3.222 W/m2 liegt. Und da uns der gesunde Menschenverstand sagt, dass ein sich erwärmendes Klima zu einer stärkeren Verdunstung von Wasser führen sollte, sollte dies letztlich wiederum zu mehr Wolken führen – was zu einer Abkühlung des Erdklimas führt.

Mueller beklagt sich darin, dass der Weltklimarat (IPCC) sich lieber auf das Kohlendioxid und andere „nicht kondensierende Klimagase" konzentriere, dabei jedoch den Elefanten im Raum – den Wasserdampf und die Wolken – lediglich als „einfache Verstärker" dieser Gase betrachte. Dabei übersehen die ganzen Klimafanatiker jedoch geflissentlich (und vielleicht auch absichtlich), dass eine umfangreichere Wolkendecke zu einer deutlich

---

31 https://notrickszone.com/2023/06/09/europes-climate-suffers-from-lack-of-clouds-and-rain-not-from-a-co2-increase/

32 https://www.gfdl.noaa.gov/cloud-radiative-effect/

33 https://www.dwd.de/EN/research/observing_atmosphere/lindenberg_column/radiation/wolkenbeobachtung.html

größeren Rückstrahlung der Sonnenstrahlung führt, sowie diese daran hindert, den Erdboden zu erreichen und damit auch aufzuheizen. Dies ist etwas, das kein anderes „Treibhausgas" schafft.

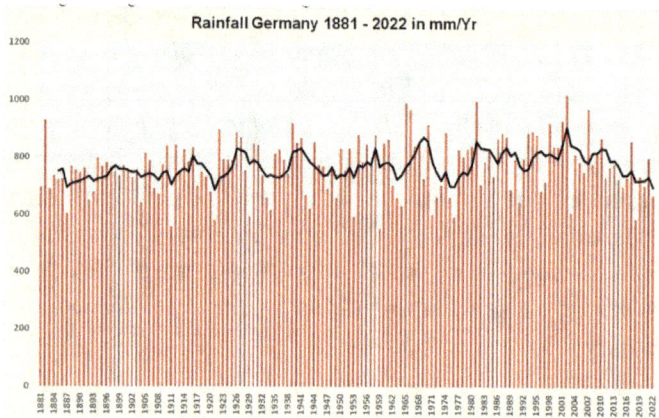

Rainfall Germany 1881 - 2022 in mm/Yr

Das Problem in Europa im angeblichen „Rekordsommer 2023" liegt dabei in der fehlenden Wolkendecke, wie auch Mueller anführt. Doch wenn mehr Hitze zu mehr Verdunstung und damit zu mehr Luftfeuchtigkeit bzw. Wolkenbildung führt – wo sind diese dann hin? Betrachten Sie die obige Grafik zu den Niederschlagsmengen in Deutschland von 1881 bis 2022.[34] Das Jahr 2023 dürfte hierbei ebenfalls im unteren Bereich angesiedelt werden, wenngleich die Rekord-Schneemengen Ende November und Anfang Dezember hier die Statistik wieder etwas nach oben treiben könnten.

---

34 https://www.dwd.de/DE/leistungen/zeitreihen/zeitre
ihen.html#buehneTop

Doch wie man deutlich sieht, gibt es seit Anfang der 2000er-Jahre eine kontinuierliche Abwärtsbewegung bei den Niederschlagsmengen. Dies, nachdem es zuvor seit Ende des 19. Jahrhunderts bis zur Jahrtausendwende einen leichten, aber weitestgehend kontinuierlichen Anstieg gegeben hatte.

Hier noch einmal ein paar physikalische Tatsachen zur Erinnerung: Warme Luft kann mehr Wasser speichern als kalte Luft. Eine höhere Luftfeuchtigkeit resultiert üblicherweise in einer stärkeren Wolkenbildung, so dass es auch zu umfangreicheren Niederschlägen kommt. Wer schon einmal tropische Regengüsse erlebt hat und diese mit den normalen Regenfällen in den gemäßigten Breitengraden vergleicht, weiß wovon ich spreche.

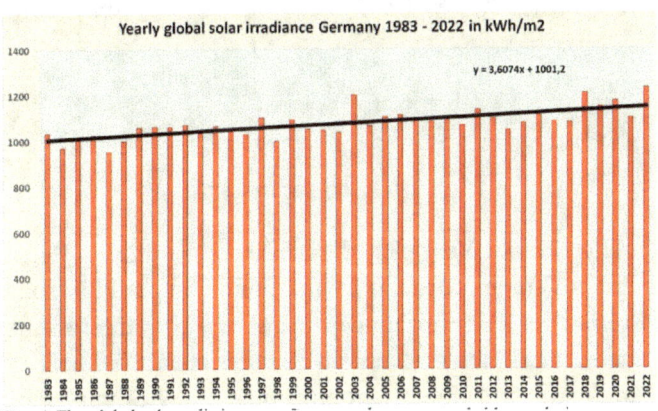

Wenn wir nun noch diese Daten mit der jährlichen umfassenden Sonneneinstrahlung (siehe Grafik des Deutschen Wetterdienstes oben[35]) vergleichen, erkennen

---

35 https://www.dwd.de/DE/leistungen/solarenergie/Tre

wir einen stetigen Anstieg. Wie Mueller in seinem Artikel anmerkt, handelt es sich hierbei um eine Zunahme von etwa 3,5 Prozent pro Dekade. Und zumindest für die letzten etwa 20 Jahre korrelieren die Daten auch mit jenen der Niederschlagsmengen. Allerdings zeigen diese Daten leider keine jahreszeitlichen Schwankungen auf, welche mehr Aufschluss geben würden.

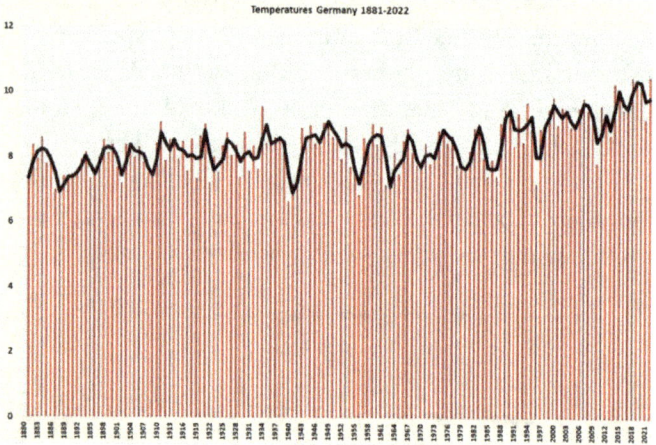

Hier ist ein Vergleich der vorher angeführten Daten mit den Temperaturen in Deutschland von 1881 bis 2022 (Grafik des Umweltbundesamtes oben[36]) interessant. Mueller merkt an, dass es von 1881 bis etwa 1988 bei den Temperaturen „eine leicht unruhige Entwicklung" gab,

---

nd_seit1983.html?nn=16102

36 https://www.umweltbundesamt.de/daten/klima/tren ds-der-lufttemperatur#2022-zusammen-mit-2018-das-bisher-warmste-jahr-in-deutschland

um dann über einen Zeitraum von etwa 35 Jahren einen plötzlichen Anstieg von rund 1,7 Grad Celsius zu erleben. Er merkt dazu an: „Wenn man die Informationen aus diesen drei Diagrammen zusammennimmt, bleibt man verwirrt. Erinnern wir uns daran, dass in den 63 Jahren zwischen 1959 und 2022 der CO2-Gehalt in der Atmosphäre von 315 auf 421 ppm gestiegen ist, was einem Anstieg von etwa 34 % entspricht. Gleichzeitig sind die Temperaturen in Deutschland um rund 1,7 °C gestiegen, ein Wert, der selbst die pessimistischsten Prognosen des IPCC bei weitem übertrifft."

Mehr noch spricht er das „altbewährte Gesetz der Atmosphärenphysik"[37] an, wonach ein Temperaturanstieg von einem Grad Celsius zu einem um 7 Prozent höheren Wassergehalt in der Atmosphäre führen soll. Dies macht es noch unerklärlicher, warum das Klima in Deutschland während der letzten beiden Jahrzehnte so viel trockener wurde. Vielmehr hätte dies zu einer stärkeren Wolkenbildung und einem Anstieg bei den Regenfällen führen müssen. Liegt es vielleicht auch daran, dass die Luft einfach sauberer wurde? Immerhin spielen Staubpartikel in Bezug auf die Niederschläge auch eine gewichtige Rolle.

Dies würde allerdings folgende Schlussfolgerung zulassen: Wenn es wärmer wird, steigt die Luftfeuchtigkeit. Doch zur Bildung von Wolken und zur Abregnung des Wassers braucht es auch Staub und Staubpartikel. Da die Luft infolge verschiedener Umweltschutzmaßnahmen jedoch sauberer wurde, blasen die Winde die feuchte Luft einfach weg und lassen sie

---

37 https://www.e-education.psu.edu/earth103/node/558

dann woanders abregnen – vielleicht in Gegenden, in denen es noch mehr Luftverschmutzung gibt. Dies sorgt allerdings für zusätzliche klimatische Auswirkungen: Europa „vertrocknet" langsam, weil mangels Wolken nicht genügend Sonneneinstrahlung reflektiert wird, die feuchten Luftmassen jedoch in anderen Regionen dann für Überschwemmungen sorgen. Das ist zwar sehr vereinfacht dargestellt, aber auch eine logische Schlussfolgerung des Ganzen. Und mehr noch: Mit dem CO_2 hat diese regionale klimatische Entwicklung einfach gar nichts zu tun. Deutschland und Europa fehlt es offensichtlich einfach an etwas „schmutzigerer" Luft.

Alles in Allem sprechen die ganzen Daten hinsichtlich des Kohlendioxids und des Klimas für sich. Zwar mag es manchmal so erscheinen, als ob es eine gewisse Korrelation zwischen CO_2-Gehalt der Luft und Temperaturentwicklung gibt – doch wenn man einen weiteren, umfassenderen Blick auf das Ganze wirft, sie die Sache schon ganz anders aus. Das Spurengas hat zwar einen gewissen Einfluss auf das Klima, doch wie Sie nicht nur in diesem Kapitel auf Basis von Studien und verfügbaren Daten erkennen können, ist dieser im Vergleich zu anderen Faktoren (Sonne und Wasserdampf) relativ vernachlässigbar.

Das Problem bei vielen Studien ist, dass man sich oftmals nur auf das „Paar" Kohlendioxid und Temperatur versteift. Dabei werden die ganzen anderen Faktoren einfach ausgeblendet. Als Ökonom vergleiche ich dies gerne mit folgendem Beispiel: Stellen Sie sich vor, die Wirtschaftswissenschaften würden die Entwicklung des Bruttoinlandsproduktes eines Staates nur mit dessen öffentlichen Ausgaben verbinden. Steigen die staatlichen Ausgaben an, wächst auch die Wirtschaft stärker; sinken die öffentlichen Ausgaben, schrumpft die Wirtschaftsleistung ebenfalls. Dass das Ganze viel komplexer ist, kommt diesen Ökonomen nicht in den Sinn. Was ist mit der Privatwirtschaft? Was ist mit dem Außenbeitrag (Exporte und Importe)? Welche Rolle spielt die Geldpolitik der Zentralbank? Ähnlich ist es beim Klima und den klimatischen Veränderungen. Das Kohlendioxid ist eben nur ein Faktor von vielen.

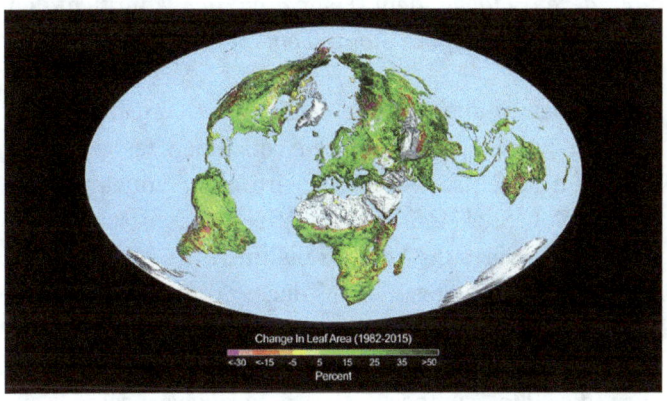

Vielmehr, so scheint es, macht das zusätzliche Kohlendioxid die Welt auch etwas grüner. Selbst die NASA musste dies bereits im Jahr 2016 unter Berufung auf eine Studie[38] (siehe auch das Bild oben, von Boston University/R. Mynen) konstatieren. Demnach weist die Erde ein stärkeres Wachstum bei der Vegetation auf. So berichtete die NASA:[39]

---

[38]http://www.nature.com/nclimate/journal/vaop/nc urrent/full/nclimate3004.html

Ein internationales Team aus 32 Autoren aus 24 Institutionen in acht Ländern leitete die Bemühungen, bei denen Satellitendaten des Moderate Resolution Imaging Spectrometer der NASA und der Advanced Very High Resolution Radiometer-Instrumente der National Oceanic and Atmospheric Administration verwendet wurden, um den Blattflächenindex oder die Blattmenge zu bestimmen der Blattbedeckung über den bewachsenen Regionen des Planeten. Die Begrünung stellt eine Zunahme der Blätter an Pflanzen und Bäumen dar, deren Fläche dem Doppelten der kontinentalen Fläche der Vereinigten Staaten entspricht.

Laut den Studienautoren erklärt der CO_2-Düngeeffekt etwa 70 Prozent des gesamten von ihnen festgestellten Ergrünungseffekts. Der Rest wird dem zunehmenden Einsatz von Stickstoffdünger in der Landwirtschaft, der globalen Erwärmung, dem zunehmenden Niederschlag und Veränderungen bei der Sonneneinstrahlung zugeschrieben. Wie weiter oben schon angeführt, verarbeitet die (grüne) Pflanzenwelt das Kohlendioxid über die Photosynthese. Das dauert zwar seine Zeit, allerdings freut sich die globale Flora über die zusätzliche Nahrung. Mehr Pflanzenmasse bedeutet aber auch mehr Luftfeuchtigkeit und auf mikroklimatischer Ebene ebenso eine Reduktion von Temperaturextremen (wie man sie vor allem aus den Wüsten kennt) zwischen den Tages- und Nachtzeiten. Man darf die regulierende Funktion der Vegetation (insbesondere von Wäldern) in Bezug auf das Mikroklima absolut nicht unterschätzen.

---

[39]https://climate.nasa.gov/news/2436/co2-is-making-earth-greenerfor-now/

Wie Sie bisher wohl sicherlich festgestellt haben, ist das Kohlendioxid als Treibhausgas nur sehr eingeschränkt für die klimatischen Veränderungen verantwortlich. Doch weil das globale Klima höchst komplex ist, müssen auch andere wichtige Faktoren angesprochen werden. Einer davon ist – wie schon vorhin angesprochen – das Mikroklima. Dieses werde ich nun im folgenden Kapitel behandeln.

Der Faktor Mikroklima

So wie sich die Welt administrativ in größere und kleinere Verwaltungseinheiten aufteilt, haben wir auch in Bezug auf das globale Klima verschiedene Klimazonen und dort auch jeweils höchst unterschiedliche lokale klimatische Bedingungen. Nehmen wir zum Beispiel Deutschland her. Die allgemeinen Wetterbedingungen an der Nordseeküste unterscheiden sich von jenen im Breisgau oder dem bayerischen Bergland deutlich. In Österreich bekommt beispielsweise der alpine Westen deutlich mehr Regen ab als die eher vom kontinentalen Wetter geprägte Gegend von Wien bis zum Burgenland und die Kärntner und Steirer südlich der Alpen spüren dafür schon den adriatischen Wettereinfluss.

Wenn wir die Vereinigten Staaten hernehmen, sehen wir ebenfalls viele verschiedene Klimazonen und Mikroklimata. Die Ostküste wird vom Golfstrom geprägt, so dass dort feuchte und milde Winter, sowie weniger heiße Sommer eher üblich sind. Im Mittleren Westen dominieren eher Wetterextreme, da die ganze Gegend nach Norden und Süden hin offen ist. Dies kann zu Kälteeinbrüchen im Sommer und zu warmen Zeiten im Winter führen. Allerdings gibt es aus dem Golf von Mexiko auch stets Hurrikan-Bedrohungen. Die Rocky Mountains haben ihr eigenes Klima, genauso wie die Westküste von Kalifornien bis hoch an die kanadische Grenze. Die Bundesstaaten Alaska und Hawaii sind da ohnehin Sonderfälle.

Wenn sich nun die lokalen klimatischen Bedingungen in einer Gegend – zum Beispiel durch die großangelegte Rodung von Wäldern oder eine Urbanisierung – verändern, wirkt sich dies in einem beschränkten Maße auch auf das regionale Klima aus. Doch da sich solche mikroklimatischen Veränderungen nicht auf einige wenige Gebiete beschränken, sondern immer größere Teile der Erdoberfläche betreffen, kumuliert sich das Ganze. Vereinfacht gesagt könnte man auch sagen: Viele kleine Veränderungen schaffen schlussendlich auch eine große Veränderung. Dies betrifft auch die vielen mikroklimatischen Veränderungen.

Nehmen wir als Beispiel die Wiederaufforstung in Europa. Eine umfangreichere Bewaldung bringt üblicherweise auch eine später einsetzende Schneedecke mit sich. Insbesondere dann, wenn es sich hierbei um immergrüne Bäume wie Fichten oder Tannen handelt. Warum? Diese Bäume sind dunkelgün und absorbieren auch im Winter mehr Sonneneinstrahlung, weshalb sie wärmer bleiben als beispielsweise das Grasland, welches aufgrund der niedrigen Vegetationshöhe rascher gefriert und so eher eine Schneedecke aufweist. Die Wärmeabstrahlung der Bäume verlangsamt auch die Schneebedeckung im Umland. Mikroklimatisch betrachtet sorgt eine Aufforstung in den nördlichen Breitengraden also zur Schaffung von "Wärmeinseln". Selbst die den Klimanarrativen weitestgehend ergebene „Neue Zürcher Zeitung" (NZZ) konstatiert dazu:[40]

---

40 https://www.nzz.ch/wissenschaft/die-aufforstung-von-waeldern-hilft-gegen-den-klimawandel-kaum-ld.1703943

Andererseits sind Trockengebiete von oben betrachtet relativ hell, während die grünen Baumkronen dunkler wirken, jedenfalls in hohen Breiten. Vor allem im Winter, wenn Schnee liegt. Das hat zur Folge, dass ein neu gepflanzter Wald mehr Sonnenlicht aufnimmt, als es die Erdoberfläche an der Stelle vorher tat. Dadurch erwärmt sich die Luft. Das ist der Albedoeffekt.

Insofern ist es wahrscheinlich wohl sinnvoller, Wälder vor allem in tropischen und subtropischen Gegenden wieder aufzuforsten, wo es weitestgehend auch keinen Schneefall gibt. Allerdings gilt auch dort, dass Aufforstungsmaßnahmen ebenfalls mikroklimatische Veränderungen mit sich bringen. Veränderungen, die sich auch längerfristig auf regionaler Ebene (z.B. durch die Schaffung von neuen Grundwasserreserven oder durch die Mäßigung von Temperaturschwankungen) auswirken.

Ein anderer wichtiger mikroklimatischer Effekt liegt in der Urbanisierung. Mit der Ausweitung von Städten und der Versiegelung immer größerer Flächen – Stichwort Betonwüsten – werden auch neue Hitzeinseln geschaffen. In einem Artikel zu diesem Thema schrieb ich:[41]

Doch diese zunehmende Urbanisierung und die damit zusammenhängende Flächenversiegelung beeinflusst auch die Temperaturmessungen, die seit etwa 1850 in vielen Ländern durchgeführt werden. Großstädte rund um den Erdball haben seitdem nicht nur eine extreme Bevölkerungszunahme verzeichnet, sondern auch eine Verdichtung der Bauweise mit breiten Beton- und Asphaltstraßen, Hochhäusern und dergleichen. Darauf weist eine neue im Fachjournal „Climate" [42]veröffentlichte Studie von 37 Forschern aus 18 Ländern hin. Die Wissenschaftler merken dabei an, dass die Messungen in diesen „Betonwüsten" zu einer Verzerrung der Temperaturen nach oben führen.

Laut den Forschern tragen diese urbanen Hitzeinseln zu etwa 40 Prozent der gemessenen Erwärmung seit dem Jahr 1850 bei, was deutlich über den bislang zugegebenen rund zehn Prozent liegt. Dies ergibt sich aus dem Vergleich von Messungen aus dem ruralen Umland von Großstädten mit jenen aus den Städten selbst. Denn in den weiterhin grünen Gegenden gab es nur minimale Temperatursteigerungen, während die Städte deutlich größere Sprünge nach oben aufwiesen.

41https://report24.news/studie-globale-erwaermung-vor-allem-ein-urbanes-problem/

42https://doi.org/10.3390/cli11090179

Zudem konnten die Wissenschaftler nachweisen, dass der Effekt, den die Sonnenaktivität auf das globale Klima hat, vom Zwischenstaatlichen Ausschuss für Klimaänderungen (IPCC) der Vereinten Nationen (UN) genauso deutlich unterschätzt wurde wie der Beitrag der lokalen urbanen Erwärmung.

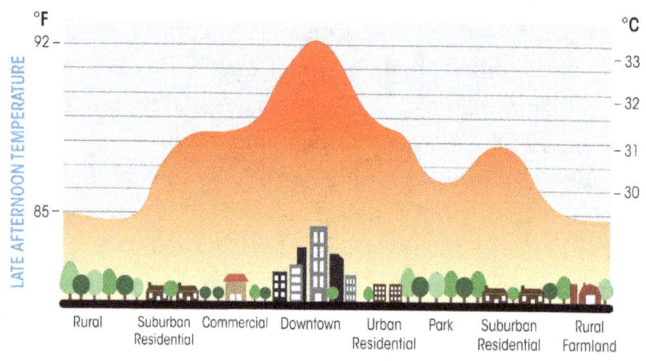

Die obige Grafik veranschaulicht dabei deutlich, wie dieser urbane Effekt der Erwärmung das Mikroklima einer Region beeinflusst. Je größer die Städte, desto umfangreicher dieser Einfluss auf die Temperaturen. In Großstädten mit „Häuserschluchten", also zumeist breiten Straßen zwischen Hochhäusern, führt dieser Aufheizungseffekt auch zu einem ständigen Luftzug. Allerdings wärmt dieser Luftzug auch das Umland auf und beeinflusst damit die Temperaturen im Umland. Angesichts dessen, dass dieser Effekt durchaus einige Grad Celsius ausmachen kann, wird auch deutlich, welche gravierenden Auswirkungen auf das lokale Klima dadurch entstehen können.

Es wird damit auch deutlich, dass die Verzerrungen bei den Temperaturmessungen der Messstationen die „globale Erwärmung" etwas übertreiben. Auch wenn es in den letzten Jahrzehnten infolge verschiedener Einflüsse durchaus im Schnitt etwas wärmer wurde, liegt diese infolge dieser Verzerrungen doch unter den offiziell verkündeten Zahlen.

Hinzu kommt, dass Großstädte auch einen hohen Wasserverbrauch aufweisen. Dies beeinflusst ebenso die Grundwasserreserven in der Region um diese Städte herum, wie oftmals auch die Fließgewässer. Ähnliche negative Effekte auf die Wasserversorgung kennt an aus eher trockenen Gegenden, in denen trotz alledem intensive Landwirtschaft betrieben wird. Sowohl die Austrocknung von Grundwasserreserven als auch die exzessive Entnahme von Wasser aus Flüssen und Seen sorgen für eine Verödung der regionalen Ökosysteme.

Ein Paradebeispiel dafür ist der Aralsee in Zentralasien. Einst für Jahrtausende ein gewaltiger Binnensee, verschwand dieser infolge der rücksichtslosen Wasserentnahme bei den Zuflüssen fast vollständig. Mittlerweile sind nur mehr kleinere Überreste vorhanden. Seit dem Jahr 1960 ist dieser See um rund 90 Prozent geschrumpft (auf dem Foto auf der nächsten Seite sehen Sie die kläglichen Überreste). Übrig blieb eine Salzwüste, deren feiner Staub von den Winden weitergeblasen wird und dabei Menschen und Tiere krank macht, sowie die Fruchtbarkeit der Böden in der ganzen Region negativ beeinträchtigt.[43]

---

43 https://www.n-tv.de/wissen/Am-Aralsee-spielt-sich-eine-Katastrophe-ab-article23031960.html

Auch das sind Veränderungen beim Mikroklima, die sich als weiteres Mosaiksteinchen beim globalen Klima bemerkbar machen. Und es wäre naiv zu glauben, dass solche massiven Eingriffe auf lokaler Ebene nicht auch auf regionaler und sogar überregionaler Sicht Auswirkungen haben. Im Falle des Aralsees, der als riesiges Gewässer als Energiespeicher früher für mildere Winter und Sommer sorgte, wird dies besonders deutlich. Es ist beispielsweise weithin bekannt, dass die Gegend um den Bodensee klimatisch milder ist als es ohne das „Schwäbische Meer" der Fall wäre. Auch die Großen Seen in Nordamerika sind ein wichtiger klimatischer Regulator für die ganze umliegende Region. Würde man diese Seen durch eine massive Wasserentnahme austrocknen lassen, wären die klimatischen Konsequenzen für die jeweiligen Regionen verheerend.

Dasselbe Bild ergibt sich bei den umfangreichen Rodungen des Regenwaldes in Brasilien zugunsten der Landwirtschaft. Diese uralten Wälder sind nicht nur die „grünen Lungen" der Welt, sondern ebenso für das regionale und sogar globale Klima wichtig. Ohne sie trocknet der Boden über die Jahrzehnte hinweg aus und der Grundwasserspiegel wird immer weiter sinken. Auch verändern sich dadurch die Luftströmungen und der Feuchtigkeitsgehalt der Luft. Anstatt einer feuchtheißen gibt es dann trockenheiße Luft. Weniger Wasserdampf in der Atmosphäre heißt auch weniger Wolken und damit eine stärkere Aufheizung des Bodens. Das klingt nicht nur logisch, das ist auch so.

Auch wenn diverse Studien gerne auf die CO2-Speichereffekte in Sachen „globale Erwärmung" und Regenwälder hinweisen[44], sind es vor allem andere natürliche Effekte, die eine wichtige Rolle spielen. Darunter auch die Evapotranspiration (man könnte sagen, die Regenwälder „schwitzen"). Durch die massenhafte Abholzung fällt dieser Prozess geringer aus. Hinzu kommt auch der zunehmende Hitze- und Dürrestress für die verbliebenen Pflanzen.[45] Denn ohne die regulierenden Regenwälder wird es trockener und heißer in diesen Regionen. Dies wirkt sich dann eben auch überregional aus.

---

[44]https://www.sciencenews.org/article/forest-trees-reduce-global-warming-climate-cooling-carbon

[45]https://news.mongabay.com/2021/03/study-sounds-latest-warning-of-rainforest-turning-into-savanna-as-climate-warms/

Insofern stellt sich natürlich ebenso die Frage, welche Auswirkungen die ganzen Wind- und Solarfarmen auf das Mikroklima haben. Es ist weithin bekannt, dass beispielsweise die Offshore-Windkraftwerke auch den Windstrom in Küstennähe beeinflussen. Interessant hierbei ist eine Studie des Helmholtz-Zentrum Hereon[46], welches die Einflüsse dieser Kraftwerke auf die Ozeandynamik und die Abschwächung des Windes und die damit einhergehenden Veränderungen der physikalischen Bedingungen der betroffenen Nordseegebiete untersucht. In einem Bericht des Zentrums dazu heißt es:[47]

46https://www.frontiersin.org/articles/10.3389/fmar s.2022.818501/full

47https://www.hereon.de/innovation_transfer/comm unication_media/news/104924/index.php.de

Die Studie des Hereon-Instituts für Küstensysteme – Analyse und Modellierung simuliert eine Abschwächung der Windgeschwindigkeit auf der windabgewandten Seite (Lee-Seite) der Parks. Belegt wurde das Phänomen kürzlich von einem Hereon-Team, dessen Studie im Journal Nature erschien (Akthar et al., 2021[48]). Auslöser für die Abschwächung des Windes sind die Turbinen. [...] Für die Stromerzeugung entziehen sie dem Windfeld kinetische Energie. In Lee der Windräder entstehenden sogenannte atmosphärische Wirbelschleppen. Diese sind charakterisiert durch verringerte Windgeschwindigkeit sowie durch spezielle Druckverhältnisse und erhöhte Luftturbulenz. Unter stabilen atmosphärischen Bedingungen breiten sich die Defizite der Windgeschwindigkeit bis zu 70 km hinter den Windparks aus.

Der Helmholtz-Studie zufolge beeinflussen die Effekte der Wirbelschleppen dieser Windkraftwerke die vorhandenen Strömungen und Schichtungen des Meereswassers und verschieben damit die mittlere Temperatur- und Salzgehaltsverteilung in den Meeresgebieten, in denen sich diese Windturbinen befinden. Dies wirkt sich allerdings auch auf das Plankton und damit auch auf die Nahrungskette in den Küstengebieten aus. Angesichts dessen, dass diese Wirbelschleppen laut der Helmholtz-Studie sogar bis zu 70 Kilometer weit reichen können und sich die Kraftwerke über längere Küstenabschnitte erstrecken, sprechen wir hierbei von mehreren Quadratkilometern an betroffenen Gebieten. Auch an Land, direkt an der Küste.

---

[48]https://www.nature.com/articles/s41598-021-91283-3

Die Verlangsamung des Windes sorgt damit für eine geringere Abkühlung in den hinter den Windparks liegenden Gebieten und damit auch für eine leichte Erwärmungstendenz. Dafür, dass die Klimafanatiker mit solchen Kraftwerken angeblich die Erwärmung des globalen Klimas verhindern wollen, sorgen sie auf lokaler und regionaler Ebene doch für genau das Gegenteil.

Ähnlich ist es auch bei den großflächigen Solarparks, wo hektarweise Land mit solchen dunklen Solarpanelen zugepflastert werden. Dunkle Flächen heizen sich bekanntlich stärker auf als helle, was ebenfalls das Mikroklima in den Regionen um solche Anlagen negativ beeinflusst. In einer Studie aus dem Jahr 2016[49] stellten Wissenschaftler beispielsweise fest, dass der sogenannte Wärmeinsel-Effekt bei großflächigen Solarkraftwerken zu einer Erwärmung von 3-4 Grad Celsius gegenüber dem Umland führt, die noch mehrere Meter im Umkreis der Anlagen gemessen werden kann. Aber nicht nur die Solarkraftwerke heizen große Gegenden auf – auch die Zupflasterung von Hausdächern in Städten hat einen entsprechenden Effekt auf die Umgebung und kann die Aufheizung von urbanen Regionen verstärken.[50] Denn die Solarpanele sind deutlich dunkler als die Hausdächer und heizen sich so in der Sonne natürlich auch stärker auf. Auch hier fragt man sich, ob die Schaffung solcher künstlicher Hitzeinseln tatsächlich den Zielen der Klimafanatiker dienlich ist.

---

[49] https://www.nature.com/articles/srep35070

[50] https://physicsworld.com/a/solar-panels-can-heat-the-local-urban-environment-systematic-review-reveals/

Wie wir also anhand dieser Beispiele sehen, spielt der Mensch in Sachen Klimawandel durchaus eine gewisse Rolle. Eher weniger was die ohnehin eher untergeordnete Rolle des Kohlendioxids anbelangt, dafür mehr was unsere mikroklimatischen Eingriffe betrifft. Die Schaffung von urbanen Ballungszentren, die übermäßige Beanspruchung von Wasser, die Abholzung der Regenwälder... All dies sind gewichtige Faktoren, die in wahrscheinlich (neben den Sonnenaktivitäten) einen deutlich größeren Einfluss auf die globalen klimatischen Entwicklungen haben als die Verbrennung von fossilen Energieträgern. Insofern scheint es hierbei sinnvoller zu sein, diesbezüglich zu handeln und das CO2 einfach auszublenden. Mehr noch: Da das Kohlendioxid auch ein Pflanzendünger ist, müssten wir eigentlich froh über das steigende Niveau sein. Immerhin könnte es bei der Wiederaufforstung der Regenwälder behilflich sein und so die Ergünung der Erde unterstützen.

Sonne & Wolken als wichtige Faktoren

Das globale Klima ist ein komplexes Zusammenspiel mehrerer Faktoren. Eine ganz wichtige Rolle spielt dabei unsere Sonne. Wie ich schon im ersten Kapitel dieses Buches verdeutlicht habe, sind die Sonnenzyklen ebenfalls entscheidend. Doch um die aktuellen Entwicklungen zu verstehen, sind die entsprechenden Daten der paar Jahrzehnte wichtig. Der Physiker Dr. Ned Nikolov verdeutlichte dies in einem aufschlussreichen Tweet auf „X" (dem früheren Twitter) samt Diskussion.[51] Nikolov nutzt dabei für seine umfangreiche Analyse Daten des CERES-Satelliten der NASA[52] sowie die HadCRUT5-Oberflächentemperaturen,[53] die NOAA-Oberflächentemperaturen,[54] die RSS-Oberflächentemperaturen und die NOAA STAR-Satellitentemperaturen[55] als Basis.

---

51 https://twitter.com/NikolovScience/status/17350395 37548558383

52 https://ceres-tool.larc.nasa.gov/ord-tool/jsp/EBAFTOA42Selection.jsp

53 https://www.metoffice.gov.uk/hadobs/hadcrut5/data /HadCRUT.5.0.2.0/download.html

54 https://www.ncei.noaa.gov/access/monitoring/climat e-at-a-glance/global/time-series

Anhand der direkten Vergleichsdaten von CERES für die Absorption der Sonneneinstrahlung mit den durchschnittlichen Oberflächentemperaturen der vier oben genannten Datensammlungen in der Grafik auf Seite 60 ist deutlich zu erkennen, dass es eine eindeutige Korrelation für den Zeitraum von 2000 bis Ende 2023 gibt. Eine höhere Absorption der solaren Energie führt zu einer entsprechenden Erwärmung der Erdoberfläche. Die ergänzende Grafik zur globalen Wolkenbedeckung und der absorbierten Kurzwellenstrahlung der Sonne auf Seite 61 zeigt ebenfalls eine deutliche Korrelation. Beachten Sie dabei, dass die Skala der Wolkenbedeckung (rechts) nach oben hin abnimmt, um die Verbindung zwischen einer geringeren globalen Wolkenbedeckung und höheren Oberflächentemperaturen auf der Erde (Skala links) besser darzustellen.

Nikolov verweist dabei auch auf eine umfang- und aufschlussreiche Studie, die sich auch mit diesem Thema beschäftigt.[56] Dabei weisen die Studienautoren in ihrer Einleitung aber auch auf folgenden wichtigen Umstand hin:

---

55 https://www.star.nesdis.noaa.gov/pub/smcd/emb/ms
cat/data/MSU_AMSU_v5.0/Monthly_Atmospheric_
Layer_Mean_Temperature/Global_Mean_Anomaly_
Time_Series/NESDIS-
STAR_TCDR_TLT_Combined_With_TMT_TUT_TL
S_Monthly_S198101-
E202311_V5.0_Regional_Means_Anomaly.txt

56 https://tallbloke.files.wordpress.com/2022/11/ecs_un
iversal_equations2.pdf

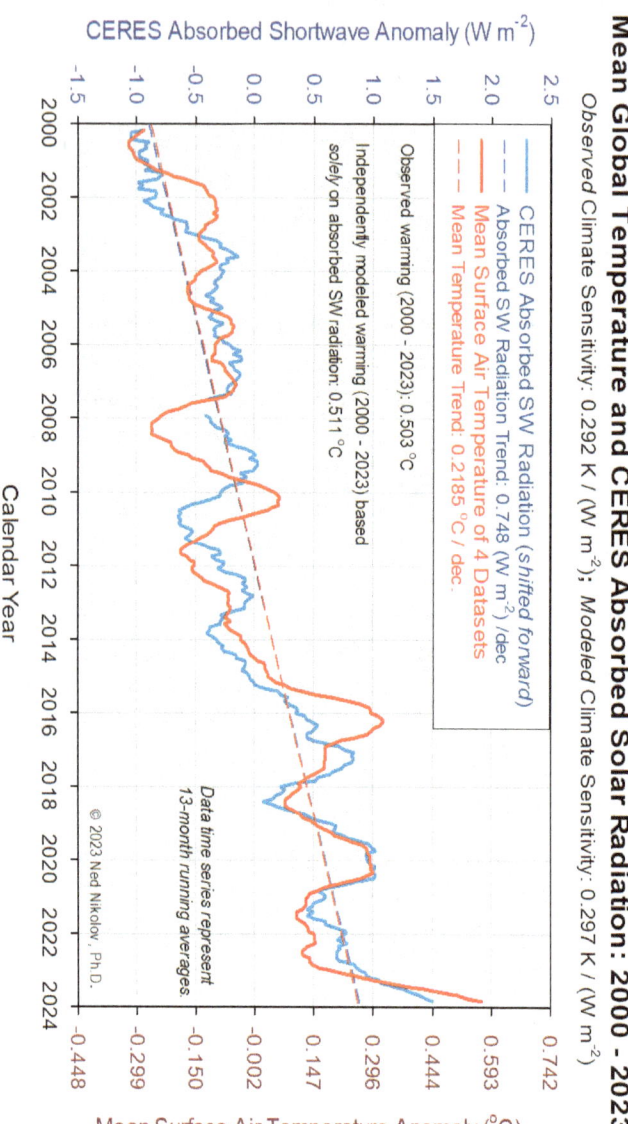

Mean Global Temperature and CERES Absorbed Solar Radiation: 2000 - 2023

Observed Climate Sensitivity: 0.292 K / (W m⁻²); Modeled Climate Sensitivity: 0.297 K / (W m⁻²)

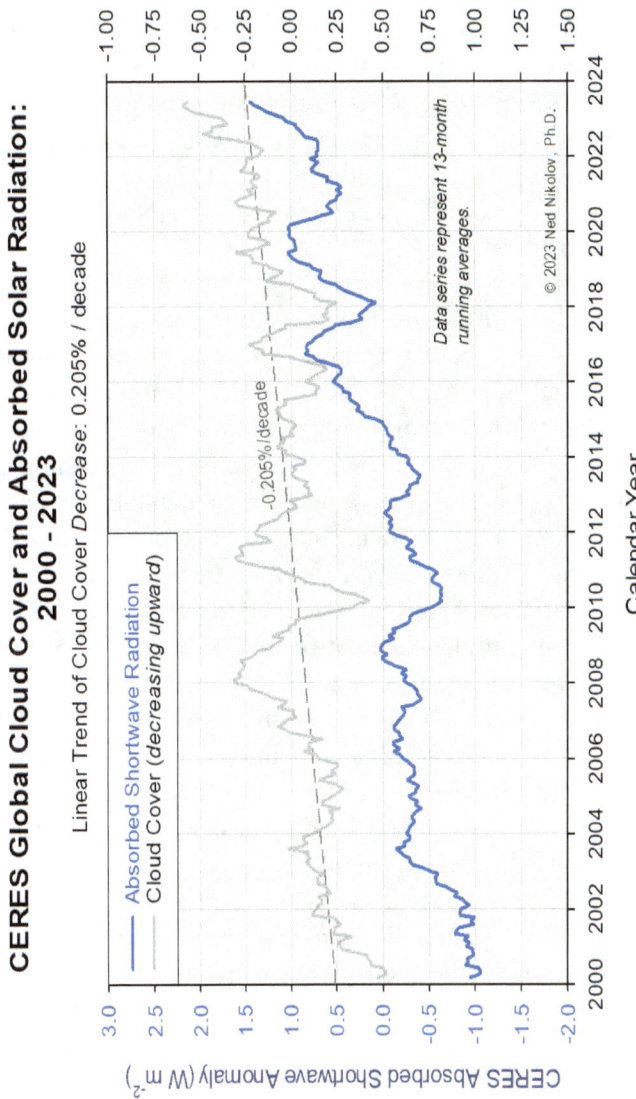

CERES Global Cloud Cover and Absorbed Solar Radiation: 2000 - 2023

Linear Trend of Cloud Cover *Decrease*: 0.205% / decade

Absorbed Shortwave Radiation
Cloud Cover (*decreasing upward*)

-0.205%/decade

Data series represent 13-month running averages.

© 2023 Ned Nikolov, Ph.D.

CERES Cloud-Cover Anomaly (%)

CERES Absorbed Shortwave Anomaly (W m^{-2})

Calendar Year

Da die erhöhte Absorption von Sonnenenergie durch das Klimasystem der Erde eine direkte Beobachtung ist, während die behauptete Erwärmung aufgrund eines erhöhten „Strahlungsantriebs" durch atmosphärische Treibhausgase eine Modellberechnung ist (die in der Realität nicht direkt gemessen wird), ist es wichtig, die Klimasensitivität gegenüber Albedo-Variationen unabhängig von der angenommenen Treibhauskraft zu quantifizieren.

Das heißt im Klartext aber auch: Die Forscher können zwar die von unserem Klimasystem absorbierte Energie berechnen, sind aber in Bezug auf die Temperaturen auf der Erdoberfläche von den ganzen Modellberechnungen abhängig, die eben nicht auf direkten Messungen beruhen. Wie ich bereits in früheren Kapiteln erwähnt habe, gibt es auch bei den ganzen Messstationen weltweit Probleme hinsichtlich der Genauigkeit und Zuverlässigkeit. Aufgrund der Urbanisierung vieler Gegenden befinden sich einige der Thermometer nun in städtischen Gebieten (also in Hitzeinseln) und nicht mehr in einem eher ländlichen, natürlichen Umfeld. Somit bleibt den Wissenschaftlern kaum etwas anderes übrig, als echte gemessene Daten mit Datenmodellen zu vergleichen, die eben nicht vollständig auf realen Messungen basieren. Dennoch lassen sich gewisse Trends ablesen und verwerten. Und mehr noch zeigen auch diese Daten, dass man das Kohlendioxid einfach nicht für die Veränderungen bei den globalen Temperaturen direkt verantwortlich machen kann. Immerhin beeinflusst dieses Spurengas ja nicht die Wolkenbildung und die Intensität der Sonneneinstrahlung.

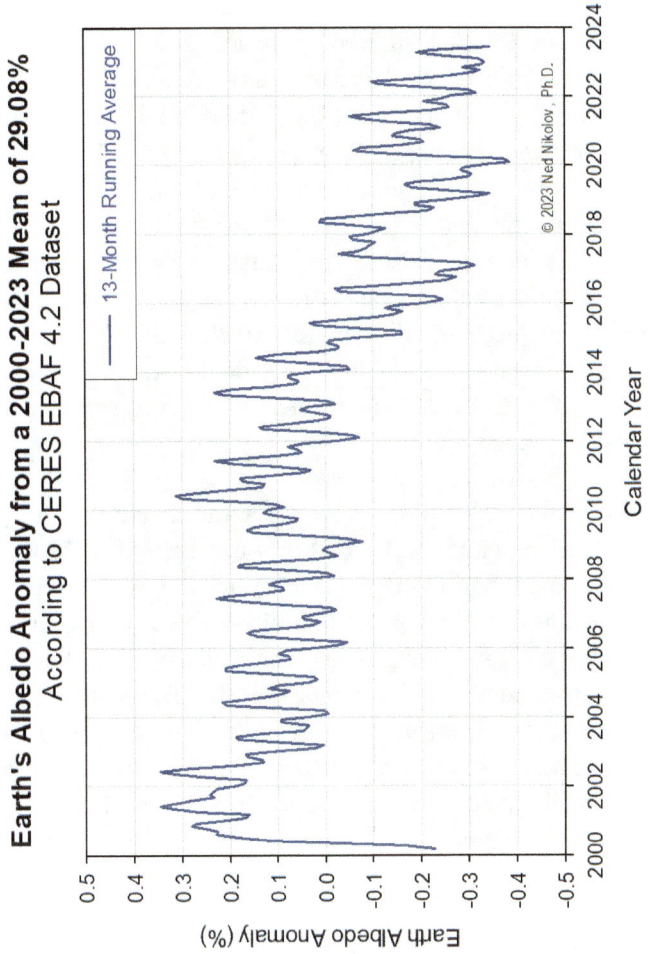

Wie man anhand der obigen Grafik deutlich erkennt, wird weniger Strahlung der Sonne wieder ins Weltall zurückgestrahlt.

An dieser Stelle möchte ich auch auf eine wichtige Arbeit von Charles Blaisdell hinweisen, die sich mit der globalen Wolkenbedeckung und deren Auswirkungen auf die globalen Temperaturen beschäftigt. Blaisdell hat für das englischsprachige Klimaportal „Watts Up With That"[57] einen interessanten durch viele offizielle Quellen gestützten Artikel verfasst, der auch von Chris Frey für das Klimainstitut „EIKE"[58] ins Deutsche übersetzt wurde. Die nachfolgenden Grafiken stammen (sofern nicht anders angegeben) alle von Blaisdell. Ich habe sie im Original belassen und nicht eingedeutscht, da sie wohl auch so für die meisten Menschen problemlos verstanden werden können.

Wie man anhand den NOAA-Diagrammen auf Seite 65 deutlich erkennt, hatten der Ausbruch des Mount Pinatubo auf den Philippinen und auch die umfangreiche Abholzung im Amazonasgebiet eine direkte Auswirkung auf die Wolkenbildung. Gleichzeitig gab es eine leichte Aufwärtstendenz bei der relativen Luftfeuchtigkeit bei 1000mb, da warme Luft mehr Wassermoleküle aufnehmen kann. Allerdings nahm die relative Luftfeuchtigkeit bei 850mp (dort bilden sich die für den Regen wichtigen Kumuluswolken) gleichzeitig deutlich ab. Das Resultat: Eine geringere Wolkendecke.

---

57 https://wattsupwiththat.com/2023/04/13/more-on-cloud-reduction-co2-is-innocent-but-clouds-are-guilty/

58 https://eike-klima-energie.eu/2023/04/17/mehr-zu-wolken-reduktion-co%e2%82%82-ist-unschuldig-aber-wolken-sind-schuldig/

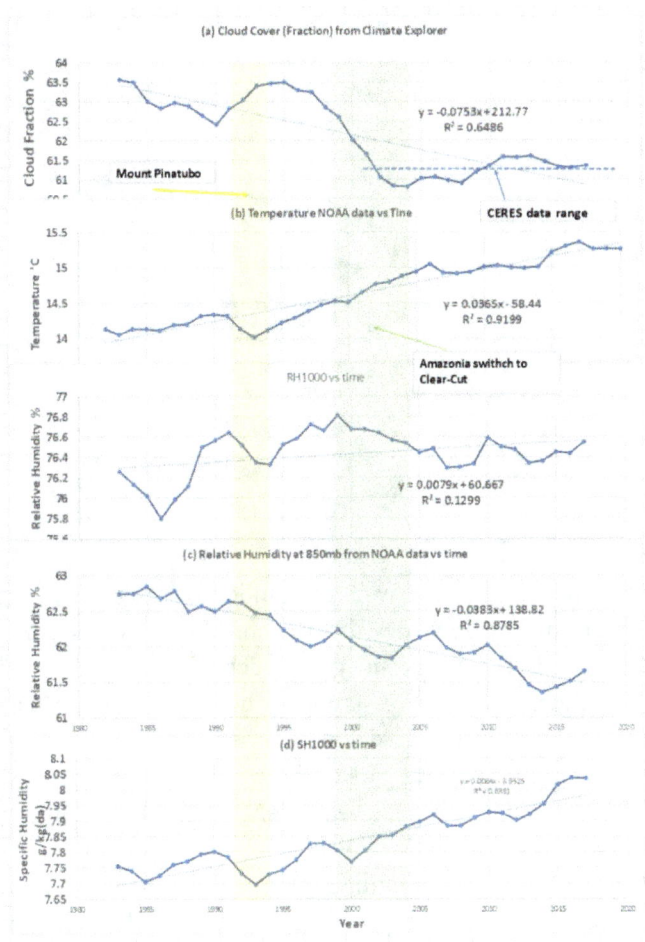

Atmosphärischer Fingerabdruck von Wolkendaten von Climate Explorer und atmosphärischen Daten von NOAA. Der gelbe Bereich zeigt die Jahre, in denen die Asche des Mount Pinatubo in der Atmosphäre war, und der grüne Bereich die Jahre der Abholzung in Amazonien.

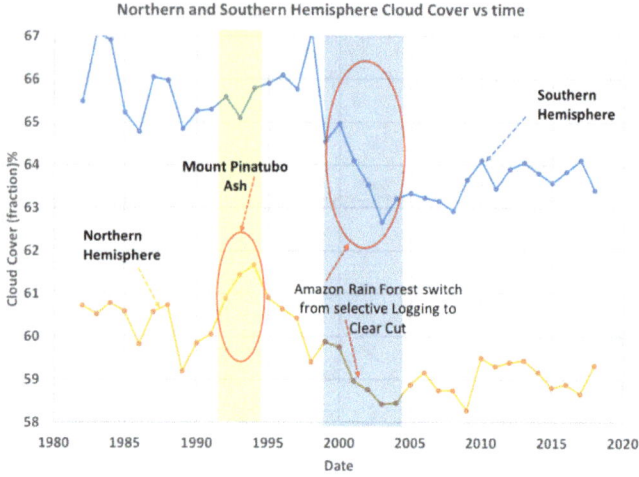

Blaisdell hat eine weitere, ähnliche Grafik in seinem Artikel mit Daten des britischen Met Office Climate Dashbord gezeigt, die im Wesentlichen die NOAA-Daten bestätigen. Doch interessanter ist die obige Grafik, welche die Wolkenbedeckung der nördlichen und der südlichen Hemisphäre separat beleuchtet. Wie man deutlich erkennt, hatte beispielsweise der Ausbruch des Mount Pinatubo in Sachen Wolkenbedeckung in der nördlichen Hemisphäre einen deutlich größeren Einfluss, während die Südhalbkugel nicht wirklich davon betroffen war. Gleichzeitig sorgte der Übergang von einer selektiven Abholzung im Amazonasgebiet hin zur kompletten Rodung großer Gebiete ab den späten 1990er-Jahren zu einer deutlichen Abnahme der Wolkenbildung in der südlichen Hemisphäre, während die nördliche Hälfte davon deutlich geringer betroffen war.

Das heißt aber auch: Mehr Vulkanausbrüche sorgen für eine zunehmende Partikel- und Aerosoldichte, die auch zu einer umfangreicheren Wolkenbildung führt. Und dann sind da auch noch die tropischen Regenwälder. Nicht nur im Amazonasgebiet, sondern auch in Afrika und in Südostasien. Auch wenn die während der Jahre 1998 bis 2004 durchgeführte großflächige Abholzung des tropischen Regenwalds in Brasilien „nur" etwa 70.000 Quadratkilometer oder 0,05 Prozent der Landmasse der Erde ausmacht, so sind die Auswirkungen dennoch spürbar. Denn diese Abholzung hat nicht nur den regionalen Wasserkreislauf dramatisch verändert, sondern damit auch die globale Zirkulation der Luftmassen. Denn anstatt warmer feuchter Luft zieht von dort aus nun warme trockene Luft in jene Höhen, die für die Wolkenbildung verantwortlich sind. Dadurch bleibt die Wolkendecke dünn und kann auch kaum mehr Sonnenlicht reflektieren.

Wie wir aber wissen, sind vor allem die Wolken (insbesondere die dicken, tiefliegenden Wolken) und auch der Wasserdampf allgemein in Sachen Reflektierung von kurzwelliger Sonneneinstrahlung zurück ins Weltall besonders wichtig. Das heißt aber auch, dass wir uns vielmehr auf die Wiederaufforstung von Regenwäldern konzentrieren sollten, anstelle auf das Spurengas CO2. Unsere Erde braucht eben auch eine ausreichende Wolkendecke, um so in Sachen Temperaturen eine annehmbare Entwicklung zu erreichen. Die Grafik auf Seite 68 verdeutlicht dabei, wie wichtig hierbei vor allem die Wolken in niedriger Höhe sind, weil sie infolge ihrer höheren Dichte einfach auch mehr Sonnenenergie wieder zurückstrahlen.

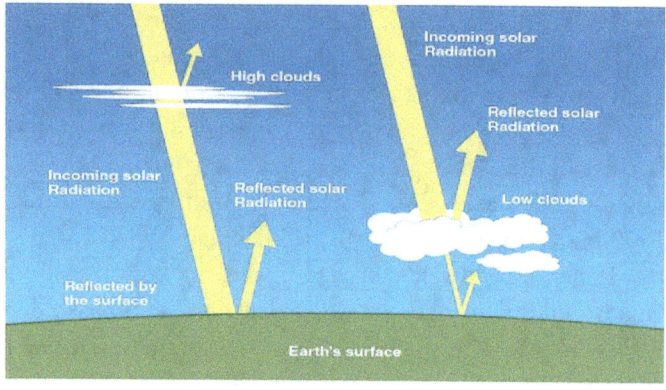

Ein Grund dafür, warum die Wolken in niedrigeren Höhen (bis in etwa 2.000 Metern über dem Meeresspiegel) dichter sind, liegt auch in der raschen Abnahme von Wasserdampf mit steigender Höhe. Die Luft dort ist zudem auch viel dünner und mit weniger Aerosolen durchsetzt, so dass sich deshalb auch weniger Partikel halten können, die zur Wolkenbildung nötig sind. Die sehr dünnen und eisigen Cirrocumulus- und Cirruswolken beispielsweise befinden sich auf einer Höhe von mehr als 7.000 Metern über dem Meeresspiegel. Zwar reflektieren die Wolken auch wieder von der Erde abgestrahlte Wärmeenergie zurück auf die Oberfläche, doch dieser Effekt ist deutlich geringer als jener, der durch die Rückstrahlung der Sonnenenergie in das Weltall entsteht. Wenn Sie an einem sonnigen aber leicht bewölkten Tag draußen sind und sich plötzlich eine Wolke vor die Sonne schiebt, merken Sie rasch, wie es plötzlich etwas abkühlt. Dieser Effekt ist deutlich zu spüren. Auch in Bezug auf das globale Klima. Deshalb ist die Wolkenbildung ja auch so wichtig.

Allerdings möchte ich Sie hier nicht mit den ganzen Berechnungen zu den Energiewerten und den Angaben zu den Watt pro Quadratmetern langweilen (einen aufschlussreichen Bericht dazu gibt es im englischen Original bei „Watts Up With That"[59] und in deutscher Übersetzung bei „EIKE"[60]). Dort heißt es unter anderem:

„Auf globaler Ebene haben mehrere Studien berichtet, dass die Wolkenbedeckung seit mindestens 1980, mit dem Aufkommen der Satellitenüberwachung, abgenommen hat. In einer Studie aus dem Jahr 2014 wurde festgestellt, dass die Wolkenbedeckung auf der Nordhalbkugel um 6,8 Prozent abgenommen hat, was die Sonnenerwärmung um 5,4 Watt erhöhte. Dieser abnehmende Wolkeneffekt fügt doppelt so viel Sonnenenergie hinzu wie das, was der IPCC den steigenden Treibhausgasen zuschreibt, und mehr als das Dreifache der Erwärmung, die dem steigenden CO2-Gehalt zugeschrieben wird."

Auch dies verdeutlicht wieder einmal, wie wichtig die Wolken und die Sonneneinstrahlung auf die Erde tatsächlich sind – und wie wenig das Kohlendioxid in Bezug auf den Treibhauseffekt eigentlich Einfluss nimmt. Denn das CO2 selbst beeinflusst die globale Wolkenbildung nicht.

---

59 https://wattsupwiththat.com/2022/06/07/the-big-5-natural-causes-of-global-warming-part-5-how-clouds-moderate-global-warming/

60 https://eike-klima-energie.eu/2022/06/10/wie-wolken-die-globale-erwaermung-moderieren/

Im Grunde genommen müssen wir nur entsprechende Bedingungen schaffen, die zu einer stärkeren Wolkenbildung führen, wenn wir die globalen Temperaturen einigermaßen in Griff bekommen wollen. Auch wenn etwas wärmere Temperaturen (denken Sie an die Klimaoptima in früheren Zeiten) an und für sich kein Problem darstellen. Und mehr noch könnten mehr Wolken (und damit mehr Regen) auch in den trockeneren Weltregionen für ein Klima sorgen, in dem Landwirtschaft möglich ist. Zum Beispiel in der Sahelzone südlich der Sahara.

Es gibt keine Klimakatastrophe

Das globale Klima verändert sich. Dies ist wohl ganz sicher unbestritten. Auch hat der Menschen einen gewissen Anteil daran. Zwar eher weniger durch die Verbrennung von fossilen Brennstoffen, dafür aber wohl vielmehr durch die zig Millionen mikroklimatischen Eingriffe rund um den Erdball. Die Urbanisierung mitsamt der Versiegelung großer Flächen und der Schaffung von Hitzeinseln, die Abholzung der tropischen Regenwälder, die großflächig aufgebaute Landwirtschaft samt Austrocknung von Flüssen und Seen, die Eingriffe in die Windströme durch riesige Windparks, die Errichtung von großflächigen Solarparks und so weiter haben ihren Preis.

Doch von einer vom Menschen verursachten Klimakatastrophe sind wir (zumindest derzeit) noch weit entfernt. Unsere Probleme liegen eher darin, dass wir aufgrund der Bevölkerungsmasse von mehr als acht Milliarden Menschen zu viele natürliche Ressourcen verbrauchen und einige von ihnen im Laufe der Zeit auch knapp werden. Auch die Übernutzung von Landflächen für die Landwirtschaft welche die Böden verdichtet und auslaugt lässt für die Zukunft nicht viel Gutes vermuten. Doch auch wenn die Weltbevölkerung wahrscheinlich noch die Marke von neun Milliarden knacken wird, bevor der demografische Wandel für einen Rückgang sorgt, gibt es einige Dinge zu beachten.

Wussten Sie, dass die Menschheit schon mehrmals kurz vor der Auslöschung stand? Laut einer Studie[61], welche sich auf 3.154 Genome von heutigen Menschen stützt, gab es vor rund 900.000 Jahren durch irgendeinen Vorfall eine Bevölkerungsreduktion auf etwa 1.280 sich reproduzierende Individuen. Etwa 98,7 Prozent der menschlichen Vorfahren gingen laut der Studie während dieser Zeit verloren. Die Forscher argumentieren, dass der Bevölkerungseinbruch mit einer Lücke im Fossilienbestand korreliert, die möglicherweise zur Entstehung einer neuen Hominidenart führte, die ein gemeinsamer Vorfahr des modernen Menschen oder Homo sapiens und der Neandertaler war.

„Die neue Erkenntnis eröffnet ein neues Gebiet in der menschlichen Evolution, weil sie viele Fragen aufwirft, wie zum Beispiel die Orte, an denen diese Individuen lebten, wie sie die katastrophalen Klimaveränderungen überwanden und ob die natürliche Selektion während des Engpasses die Evolution des menschlichen Gehirns beschleunigt hat", sagte der leitende Autor Yi-Hsuan Pan, ein Evolutions- und funktionaler Genomiker an der East China Normal University, in einer Erklärung.

Der Bevölkerungseinbruch fiel zeitlich mit dramatischen Veränderungen im Klima während des sogenannten mittleren Pleistozänsübergangs zusammen, erklärte das Forschungsteam. Die Eis- und Kaltzeiten wurden länger und intensiver, was zu einem Temperaturrückgang und sehr trockenen klimatischen Bedingungen führte.

61https://doi.org/10.1126%2Fscience.abq7487

Kaltzeiten beeinflussen den potentiellen Lebensraum des Menschen enorm.

Darüber hinaus betonten die Wissenschaftler, dass die Kontrolle des Feuers sowie der natürliche Klimawandel hin zu einer neuen Warmzeit – der somit auch ein für das menschliche Leben gastfreundlicheres Klima sorgte – zu einem dann schnellen Anstieg der Bevölkerung vor rund 813.000 Jahren beigetragen haben dürfte. Allerdings zeigt dieses Beispiel ebenso, dass die Menschheit nicht die Wärme, sondern vielmehr die Kälte fürchten sollte. Denn mit der Kälte gehen nämlich auch Trockenheit und damit ebenso eine Nahrungsmittelknappheit einher.

Ein weiterer solcher globaler Bevölkerungsrückgang fand wahrscheinlich vor etwa 195.000 bis 123.000 Jahren während einer Kaltzeit statt. Danach im sogenannten „letzten Glazial"[62], welches vor etwa 115.000 Jahren einsetzte und mit dem Beginn des Holozäns vor rund 11.700 Jahren endete (in diese Zeit fällt auch der Ausbruch des Toba-Supervulkans auf Sumatra, der auch für einen „vulkanischen Winter" von wohl sechs Jahren führte[63]), dürften die klimatischen Bedingungen für eine Ausbreitung der Menschheit ebenfalls nicht sonderlich gut gewesen sein. Doch mit der einsetzenden Warmzeit danach begann auch die globale Bevölkerung zu wachsen. Mehr Wärme heißt auch mehr Nahrung und infolge der Sesshaftwerdung und des Ackerbaus konnten sich erste Zivilisationen bilden. Die ersten Blütezeiten fanden demnach statt, als es auch global betrachtet wärmer war als heute.

62https://de.wikipedia.org/wiki/Letzte_Kaltzeit

63https://de.wikipedia.org/wiki/Toba-Katastrophentheorie

Klar, wenn die Temperaturen (aus welchen Gründen auch immer) in den kommenden Jahren weiter steigen, wird sich das auch auf unser Leben auswirken. Doch wie die Geschichte der Menschheit zeigt, sollten wir uns weniger vor warmen Zeiten fürchten. Das einzige Problem der heutigen Menschheit besteht darin, infolge der enormen Bevölkerungszahl bei extremen Wetterereignissen größere Opferzahlen hinnehmen zu müssen. Die Menschen siedeln mittlerweile oftmals in Gebieten, welche unsere Vorfahren aus gutem Grund gemieden haben.

Denken Sie beispielsweise nur an die rund 172 Millionen Menschen in Bangladesh, die sich in dem 148.460 Quadratkilometer kleinen südasiatischen Land drängen. Ein Land, dessen Landfläche weitestgehend flach (nur wenige Gebiete liegen höher als 12 Meter über dem Meeresspiegel) ist und vom Ganges-Delta dominiert wird. Überschwemmungen – vor allem bei starkem Monsunregen – gehören dort faktisch zum Alltag der Menschen.

Ein stärkerer Tsunami könnte mehrere Kilometer weit ins Inland vordringen und dabei Millionen Menschen töten. Im Jahr 1950 lebten in dem Gebiet keine 40 Millionen Menschen, im Jahr 1900 waren es etwa 26 bis 29 Millionen, im Jahr 1800 geschätzt 19 Millionen und im Jahr 1600 Schätzungen zufolge etwa 9 Millionen. Eine Naturkatastrophe (wie ein Tsunami) hätte dort zu allen Zeiten viele Todesopfer gefordert – doch in den heutigen Zeiten wäre aufgrund der enormen Bevölkerungszahl der Blutzoll unvorstellbar hoch.

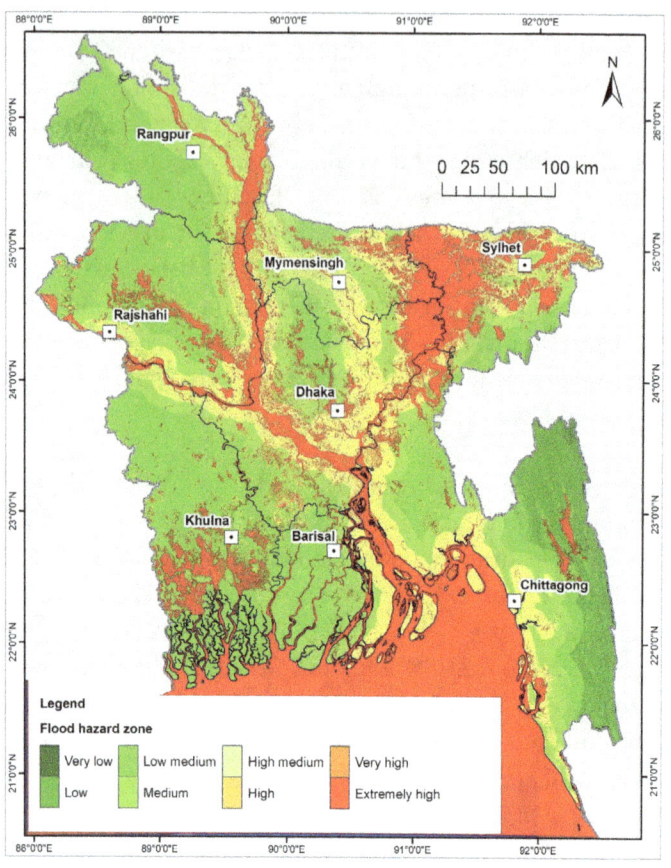

Große Gebiete in Bangladesh haben ein hohes Risiko von Überschwemmungen. Dies verdeutlicht auch diese detaillierte Grafik aus einer umfassenden Studie zum Risiko solcher Katastrophen in der flachen südasiatischen Nation.[64]

---

64 https://www.sciencedirect.com/science/article/pii/S2
590061721000454

Sie können sich vorstellen, dass ein extremes Naturereignis (zum Beispiel eine Mega-Flut oder ein gewaltiger Tsunami) welches beispielsweise ein Drittel der Bevölkerung Bangladeshs auslöscht Anfang des 17. Jahrhunderts insgesamt vielleicht um die drei Millionen Menschenleben gefordert hätte, heute jedoch wohl beinahe 60 Millionen. Insbesondere auch infolge der Siedlungen in Wassernähe. Das entspricht in etwa der Bevölkerung Frankreichs oder Italiens. Auch deshalb haben die Klimafanatiker bei ihrer allgemeinen Panikmache leichtes Spiel. Doch das Problem sind nicht die (seit Urzeiten immer wieder auftretenden) Naturkatastrophen selbst, sondern die Siedlungswahl der Menschen. Wer sein Haus in einer Gegend baut, die für Überschwemmungen bekannt ist, darf sich über mannshohe Wasserfluten nicht wundern. Leider haben viele Menschen - vor allem in den armen Ländern - keine große Wahl und müssen dort ihre Unterkunft bauen, wo es noch Platz gibt.

Die alten Germanen waren (zumindest laut Überlieferungen) dafür bekannt, sich dem Schicksal zu ergeben. Selbst wenn eine Schlacht von Anfang an nicht zu gewinnen war, wurde sie geführt – weil es die Schicksalsfäden so wollten. Doch wir haben es zumindest teilweise in der Hand, diverse Risiken zu minimieren. Es gibt beispielsweise bauliche Maßnahmen wie die Dämme und Deiche in den Niederlanden, welche die Fluten zurückhalten sollen. Dann gibt es noch die Möglichkeit von Umsiedlungsaktionen in den einzelnen Ländern selbst, um möglichst viele Menschen von gefährdeten Gebieten in sicherere Gebiete zu verfrachten.

Viele Katastrophen werden nur deshalb zu solchen, weil man deren eindeutigen Warnsignale ignoriert hat. Der Klimawandel ist real. Doch darauf muss man mit konkreten und vor allem sinnvollen Maßnahmen reagieren, um dadurch auch Menschenleben zu schützen. Die Reduktion des Kohlendioxid-Ausstoßes, Mega-Windparks oder auch riesige Solarparks gehören (wie ich in den vorherigen Kapiteln bereits deutlich erläutert habe) nicht unbedingt dazu – hingegen beispielsweise die Wiederaufforstung und der Schutz der tropischen Regenwälder, die Pflanzung von Mangroven entlang der Küsten und dergleichen schon.

Auch wenn der (ohnehin schon seit Urzeiten auf natürliche Weise stattfindende) Wandel unseres Klimas viele Herausforderungen mit sich bringt, so muss man auch die positiven Effekte – wie zum Beispiel das bessere Pflanzenwachstum – entsprechend nutzen. Und wer weiß, vielleicht sorgen auch Veränderungen bei den Jetstreams und eine allgemein etwas feuchtere Luft durch die Temperaturzunahme für eine Wiederergrünung der Sahara und anderen Wüstengegenden. Unsere Vorfahren sind ja damals vor Urzeiten nicht durch tausende Kilometer Wüste in Richtung Levante und Arabische Halbinsel gewandert, um sich dort eine neue Lebensgrundlage zu schaffen. Sie folgten als Jäger und Sammler wahrscheinlich der Nahrung und entdeckten so immer neue Gebiete.

Der Klimawandel ist nicht mit einer Klimakatastrophe gleichzusetzen. Zu einer Katastrophe wird er erst dann, wenn wir nicht oder falsch reagieren. Doch das was die Klimafanatiker tun, ist ganz offensichtlich nicht das

Richtige. Im Deutschen haben wir mit Worten wie „verschlimmbessern" oder „kaputtreparieren" wohl passende Worte dafür, was die Klimafanatiker und die Globalisten seit Jahren umzusetzen versuchen. Dabei gäbe es doch einfach das einfache Grundprinzip, nach einem guten Kosten-Nutzen-Verhältnis bei den ganzen Maßnahmen zu suchen. Wo kann man mit relativ einfachen Mitteln möglichst viel erreichen? Welche Maßnahmen sind kostenintensiv, bringen aber recht wenig? Man mag meinen, die Klimawissenschaften hätten nicht viel mit ökonomischen Prinzipien zu tun, doch das stimmt nicht. Falsche Maßnahmen verschlimmern die Sache nämlich und wenn der gesunde Menschenversand (oder wie der Österreicher sagen würde, der gesunde Hausverstand) nicht endlich die Oberhand gewinnt, wird das mit der Klimakatastrophe noch zu einer sich selbst erfüllenden Prophezeiung.

Unsere Aufgabe, also jene der Menschheit, ist es, wissenschaftliche Fakten als das zu sehen was sie sind und auch Dogmen zu hinterfragen. In der Wissenschaft gibt es keine festgeschriebenen Wahrheiten. Vor gar nicht einmal so langer Zeit glaubten die Menschen, die Erde sei eine Scheibe und unsere Sonne sei der Mittelpunkt des Universums. Von den mittelalterlichen Medikamenten und Behandlungsmethoden, die schlussendlich mehr Schaden als Nutzen anrichteten, ganz zu schweigen. Nicht zu vergessen: Einst war es wissenschaftlicher Konsens, dass sich mit Wasser zu waschen schädlich sei, weshalb sich vor allem die Oberschicht faktisch in Parfüm badete, um so den Schweißgeruch zu übertünchen. Immer wieder werden „wissenschaftliche Wahrheiten" widerlegt und durch neue Erkenntnisse ersetzt. Doch das wollen die

Anhänger der neuen Klimareligion nicht zulassen und stattdessen ihre Dogmen festschreiben lassen. Wer Kritik übt und andere wissenschaftlich belegte Fakten präsentiert, wird als Häretiker gebrandmarkt und soll zensiert werden. „Klimaleugner" nennt man dies heutzutage, wenn man diese Dogmen infrage stellt und behauptet: „Es gibt keine Klimakatastrophe!"

Doch wie Sie sicher bemerkt haben, leugne ich den Klimawandel nicht. Auch sehe ich (vor allem auf mikroklimatischer Ebene) durchaus einen menschlichen Einfluss auf das globale Klima. Allerdings erkenne ich auch die Wirkung unserer Sonne und ihrer Zyklen auf das globale Klima als wichtigen Faktor an. Ebenso halte ich den allgemeinen Fokus auf das Kohlendioxid und andere sogenannte „Treibhausgase" aufgrund mehrere wichtiger Studienergebnisse für einen Fehler. Wenn die Menschheit tatsächlich „richtig" reagiert und sämtliche Maßnahmen zum Umgang mit dem Klimawandel auf Basis von umfassenden Kosten-Nutzen-Rechnungen umsetzt, wird es auch keine solchen katastrophalen Auswirkungen geben. Und auch an dieser Stelle möchte ich noch einmal darauf hinweisen, dass die Menschheit seit ihrer Entstehung immer wieder mit widrigen Umständen zu kämpfen hatte, die auch beinahe zu unserer Ausrottung führten. Egal was wir auch tun, irgendwann kann ein katastrophales Ereignis wie ein Meteoriteneinschlag oder die Eruption eines Supervulkans die Menschheit erneut an den Rande des Abgrunds führen. Doch ein paar Grad mehr bei den Temperaturen gehören wahrscheinlich nicht zu jenen Szenarien, die zu einem globalen Massensterben führen dürften.

NOAA Climate.gov
@NOAAClimate

One thing we have heard over the years by people who deny the reality or seriousness of human-caused global warming (GW) is "Earth has been much hotter in the past". While true, it doesn't prove that recent GW is natural or harmless to people or other life
climate.gov/news-features/...

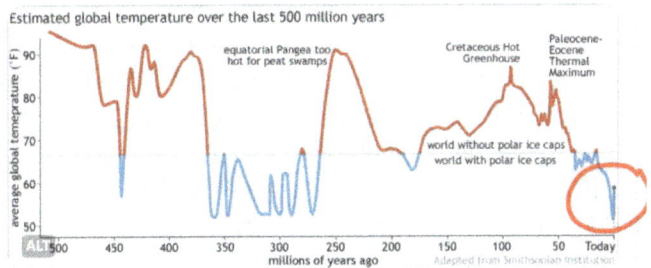

9:23 AM · Dec 7, 2023 · **29.6K** Views

Interessant hierzu ist auch der oben zu sehende Tweet der National Oceanic and Atmospheric Administration (NOAA), einer US-Bundesbehörde zur Erforschung und zum Schutz des Ozeane und der Atmosphäre. Auch diese Behörde stellt fest, dass wir uns in einer Kaltzeit befinden und die Erde für viele Millionen Jahre deutlich kälter war als heute. Der letzte „Absacker" (rot eingekreist) zeigt die jüngste Eiszeit. Und wie auch dort deutlich wird, hat die Erde seit etwa 40 Millionen Jahren vereiste Polkappen. Etwas, das während der etwa 220 Millionen Jahre davor nicht üblich war. Und wie die früheren großen Ausschläge bei den Temperaturen zeigen, sind enorme klimatische Veränderungen in kurzer Zeit keine Seltenheit.

81

Wind und Sonne sind (noch) keine Lösung

Geht es nach den Klimafanatikern und den WEF-Globalisten, ist die Umstellung der Energieproduktion auf die sogenannten „erneuerbaren Energien" die ultimative Lösung für die angebliche „Klimakrise". Damit soll der CO_2-Ausstoß für das utopische Ziel von „Netto Null" drastisch reduziert werden. Da man Wasserkraftwerke an den Flüssen nur mehr bedingt ausbauen kann, setzt man heutzutage vor allem auf Wind- und Solarenergie zur Stromerzeugung. Die nachfolgenden Daten stammen alle (sofern nicht anders angegeben) von „Our World in Data".[65]

Bis etwa ins Jahr 2010 herum spielten Solarkraftwerke nur eine sehr geringe Rolle bei der globalen Produktion von Elektrizität. Weltweit wurden damit damals etwa 31 Terawattstunden (TWh) an Strom erzeugt. Im Jahr 2022 waren es bereits 1.289 TWh. Wie man sieht, gab es diesbezüglich enorme Investitionen in solche (riesige Flächen beanspruchende) Anlagen. Die Windenergie begann allerdings schon in den 1990er-Jahren in Sachen Stromerzeugung interessant zu werden und knackte im Jahr 1997 erstmals die Marke von 10 TWh, im Jahr 2005 die Marke von 100 TWh und 2017 jene von 1.000 TWh. Im Jahr 2022 schlussendlich wurden weltweit insgesamt ganze 2.139 TWh an Strom durch Windenergie produziert.

[65] https://ourworldindata.org/energy

Doch im Vergleich zu den fossilen Energieträgern spielen Wind und Sonne selbst nach all den Jahren an Mega-Investitionen nur eine geringe Rolle. Öl, Kohle und Gas waren im Jahr 2000 noch für 9.610 TWh an Stromproduktion verantwortlich, im Jahr 2010 waren es bereits mehr als 14.000 TWh und im Jahr 2022 dann ganze 17.385 TWh. Wind und Sonne zusammen kommen so auf gerade einmal ein Fünftel der Stromproduktion, welche die fossilen Energieträger derzeit leisten.

Würde man die Öl-, Kohle- und Gaskraftwerke jedoch durch Wind- und Solaranlagen ersetzen wollen, gäbe es mannigfaltige Probleme. Einerseits gibt es da Auslastungsprobleme. Ein Kohle- oder Atomkraftwerk mit einer Nennleistung von 50 Gigawatt (GW) beispielsweise kann bei einer hundertprozentigen Auslastung insgesamt 438.000 Gigawattstunden (GWh) Strom produzieren. Da es jedoch auch bei der Nachfrage

Schwankungen gibt und zwischendurch ebenso Wartungsarbeiten durchgeführt werden müssen, liegt die tatsächliche Produktionsleistung solcher Kraftwerke üblicherweise bei zwischen 60 und 90 Prozent. Einige Atomkraftwerke liegen sogar noch darüber. Nimmt man einen mittleren Wert, kommt man auf etwa 75 Prozent Auslastung oder etwa 300.000 bis 350.000 GWh an jährlicher Produktion durch solche konventionellen Kraftwerke. Bei der Elektrizitätsgewinnung durch Wind und Sonne sieht die Effizienz jedoch deutlich schlechter aus. So schrieb ich in einem Artikel:[66]

Ein aktueller englischsprachiger Bericht[67] untersucht die Effizienz der Wind- und Solarkraftwerke in Deutschland, Frankreich und Großbritannien, basierend auf den offiziellen Zahlen. Die Ergebnisse aus dem Zeitraum von Anfang Juli 2022 bis Ende Juni 2023 sind ernüchternd. So weisen die Onshore-Windkraftwerke in allein drei Ländern zusammen bei einer Kapazität von 89,5 Gigawatt (GW) eine Produktion von 19,4 GW auf. Dies entspricht einer Produktivität von 21,7 Prozent. Die Offshore-Windkraftwerke in Deutschland und Großbritannien (Frankreich besitzt keine) liefern bei einer installierten Kapazität von 20,1GW immerhin 6,9GW und damit 34,4 Prozent der Nennleistung. Bei

---

66 https://report24.news/katastrophale-produktivitaet-so-ineffektiv-sind-wind-und-solarkraftwerke-tatsaechlich/

67 https://wattsupwiththat.com/2023/08/09/germany-uk-france-weather-dependent-renewables-2022-2023/

den Solarkraftwerken sieht es deutlich schlechter aus. Installiert wurden 97,4 GW doch geliefert wurden gerade einmal 9,8 GW. Das entspricht einer Produktivität von mickrigen 10,1 Prozent. Alles in allem erreichen diese Kraftwerke in allen drei Ländern zusammen eine Produktivität von 17,4 Prozent.

Vereinfacht gesagt kann man Folgendes konstatieren: Um ein konventionelles Kraftwerk mit 50 MW Nennleistung und 75 Prozent Effizienz durch Wind- und Solarkraftwerke mit im Schnitt 17,4 Prozent Effizienz zu ersetzen, müsste man insgesamt etwa 215 MW an Wind- und Solarkraftwerksleistung aufbauen. Doch dies ist auch nur in der Theorie der Fall und kaum Praxistauglich. Denn im Gegensatz zu den meisten konventionellen Kraftwerken liefern Wind- und Solaranlagen in windstillen Nächten (also bei einer sogenannten „Dunkelflaute"[68]) keinen Strom.

Die Volksrepublik China beispielsweise sichert die eigene „grüne" Stromerzeugung ganz pragmatisch mit Kohlekraftwerken ab.[69] Doch solche parallelen Strukturen für die Stromproduktion haben ihren Preis und treiben auch die Stromkosten bzw. die Preise für die Elektrizität über kurz oder lang in die Höhe, weil die Kohlekraftwerke ja auch auf Abruf arbeiten können müssen. Und das ist

68 https://report24.news/ingenieur-windstille-naechte-und-dunkelflauten-netto-null-probleme-sind-nicht-loesbar/

69 https://report24.news/chinesischer-pragmatismus-kohlekraftwerke-sichern-solar-und-windkraftanlagen-ab/

nur ein sehr anschauliches Beispiel von vielen. Im Winter 2023 haben beispielsweise die britischen Netzbetreiber schon darüber geklagt, dass Wind und Sonne nur ein Achtel des benötigten Strombedarfs liefern können.[70] Auch in Deutschland können Wind- und Solarkraftwerke trotz enormer theoretischer Überkapazitäten die Stromversorgung des Landes nicht einmal ansatzweise sicherstellen.[71]

Das große Problem dabei ist eben der Umstand, dass solche Strukturen mit enormen Überkapazitäten auch Geld kosten. Sehr viel Geld. Stellen Sie sich vor, Sie haben einen Energiekonzern. Ihre konventionellen Kraftwerke (also Gas und Kohle) würden eigentlich ausreichen, um den Bedarf an Strom Ihrer Kunden zu decken. Doch die Regierung will mehr Ökostrom sehen, also investieren Sie in Windkraftwerke und Solarparks. Doch die Gas- und Kohlekraftwerke bleiben weiterhin teilweise in Betrieb, weil Sie wegen der schwankenden Stromerzeugung durch Wind und Sonne auch eine entsprechende Grundlast brauchen. Und im Winter laufen diese Kraftwerke auf hoher Last. Der Betrieb dieser Kraftwerke kostet Ihren Konzern jedoch Unsummen, weil Sie ja selbst bei hohem Produktionsvolumen durch Wind und Sonne ein entsprechendes Backup brauchen.

---

70 https://report24.news/britische-netzbetreiber-verzweifelt-wind-und-sonne-liefern-im-winter-kaum-ein-achtel-des-strombedarfs/

71 https://report24.news/trotz-ueberkapazitaeten-wind-und-sonne-reichen-fuer-deutschlands-strombedarf-nicht-aus/

Doch die Politik interessiert sich offensichtlich nicht für die Probleme, die dadurch entstehen. Subventionen und CO2-Steuern zur Umverteilung von Geldern und Ressourcen sind nicht unbedingt die optimale Lösung. Schlussendlich wird Strom einfach nur teuer, weil man den Preis für Kohle und Gas mit Steuern künstlich in die Höhe treibt, nur um damit dann Wind und Sonne zu subventionieren und Doppelstrukturen zu finanzieren.

Die Veränderungen akzeptieren

Klimatische Veränderungen sind seit Urzeiten ein natürlicher Bestandteil der Entwicklung des Lebens auf unserem Planeten. Während des Mesozoikums, der Ära der Dinosaurier, lag der Kohlendioxidgehalt in der Atmosphäre Schätzungen zufolge zwischen 1000 und 2000 Teilen pro Million (ppm). Heute beträgt er etwas mehr als 400 ppm. Forschungen zeigen, dass damals auch der Sauerstoffgehalt deutlich höher war – etwa bis zu 30 Prozent im Vergleich zu den heutigen etwa 21 Prozent. Dies ermöglichte ein Flora, die im Vergleich zu heute riesige Pflanzen hervorbrachte. Allerdings war die durchschnittliche Temperatur damals auch wesentlich höher als heute.

Später, während der Eiszeiten, herrschte in vielen Weltgegenden eine eisige Kälte. Die Entnahme von Wasser aus den Weltmeeren durch die Bildung riesiger Eiskappen schuf jedoch auch Bedingungen, die die Besiedlung neuer Gebiete ermöglichten. Dennoch waren die Kaltzeiten auch ein Hindernis für die Entstehung von Zivilisationen und Hochkulturen. Diese entwickelten sich erst später während wärmerer Perioden (Klimaoptimum), als die Bevölkerungszahlen durch sesshafte Lebensweisen und den Fortschritt in der Landwirtschaft stark zunahmen. Mildere Winter ermöglichten größere Viehherden, die die Ernährungssicherheit verbesserten.

Wärmere Zeiten waren generell Blütephasen für die Menschheit, während kältere Perioden mit Entbehrungen und Bevölkerungsrückgängen einhergingen. Heutzutage steht unsere größte Herausforderung darin, dass wir eine beispiellose globale Bevölkerung von mehr als acht Milliarden Menschen haben, die zunehmend mehr Raum beanspruchen. Wir roden Urwälder und tropische Dschungel, die eine entscheidende Rolle für das globale Klima spielen – weit über den Einfluss von Kohlendioxid hinaus. Die steigende Nachfrage nach Anbauflächen für Grundnahrungsmittel führt zur Umwandlung von Waldgebieten in Äcker, Felder und Weideflächen.

Zusätzlich breiten sich Siedlungen in ungeeigneten Gebieten aus und die Überfischung der Weltmeere nimmt zu. Der Verbrauch natürlicher Ressourcen erreicht mittlerweile ein so hohes Niveau, dass die Frage nach möglichen Ersatzquellen unausweichlich wird. Denn nicht alles lässt sich recyceln. Es bedarf noch weiterer Lösungen für diese Herausforderungen. Doch diese spielen in der aktuellen Debatte zu diesem Thema keine wirkliche Rolle.

Eine gezielte Steuerung der klimatischen Bedingungen auf unserem Planeten ist jedenfalls (bislang) noch nicht möglich. Das was wir hingegen tun können, ist uns auf die zu erwartenden Entwicklungen einzustellen. Die Politik verschwendet so viele Ressourcen und so viel Geld in den sinnlosen Versuch, die CO_2-Emissionen zu senken, dass kaum mehr Mittel für die Reaktion auf die Auswirkungen des klimatischen Wandels vorhanden sind. Dabei gäbe es diesbezüglich noch so viel zu tun.

Als Menschheit müssen wir beginnen, die Realitäten zu akzeptieren und aufhören, Windmühlen zu bekämpfen. Es ist faktisch unmöglich, ein dauerhaft stabiles Klima zu erreichen. Zu viele Faktoren und Variablen spielen eine Rolle, als dass wir Menschen sie alle kontrollieren könnten. Jedoch liegt es in unserer Kontrolle, wie wir mit diesen ganzen zu erwartenden Veränderungen umgehen und welche sinnvollen und hilfreichen Schritte wir unternehmen, wie beispielsweise die Wiederaufforstung der Regenwälder. Es liegt an uns, die Initiative zu ergreifen und uns vorzubereiten. Denn es wird in den kommenden Jahrzehnten und Jahrhunderten – wie schon in der Zeit zuvor – zu klimatischen Veränderungen kommen. Ob wir es wollen oder nicht.

Akzeptanz ist allerdings auch der erste Schritt zur Veränderung. Wir haben es in der Hand, unseren Nachfahren eine lebenswerte Welt zu hinterlassen. Dazu braucht man kein Anhänger der neuen Klimareligion zu sein, sondern vor allem gesunden Menschenverstand walten zu lassen. Was die Welt benötigt, sind rational begründete und sinnvolle Maßnahmen, nicht jedoch blinden Klima-Aktionismus, der auf quasireligiösen Dogmen und Computermodellen ohne reale Daten basiert.

Es ist umso wichtiger, möglichst viele Menschen über die Fakten aufzuklären. Zu den Verbreitern dieser Fakten gehören auch kritische Publikationen wie Report24, Blackout-News, Klimanachrichten, EIKE, No Tricks Zone, Watts Up With That und weitere, die von Big Tech (Google, Meta & Co) faktisch zensiert werden. Unterstützen Sie diese Plattformen, indem Sie interessante Artikel und Berichte an Freunde und Bekannte weiterleiten und möglicherweise auch regelmäßig mit kleinen Beträgen unterstützen. Im Gegensatz zu den Konzernmedien erhalten sie keine staatliche Unterstützung und haben kaum Möglichkeiten zur Monetarisierung durch Werbung. Natürlich würde ich mich auch freuen, wenn Sie bei Gefallen mein Büchlein weiterempfehlen könnten.